AutoCAD
2017 中文全彩铂金版
案例教程

高亚骏　付志春　衷文 / 主编

邹努　封绪荣 / 副主编

中国青年出版社
CHINA YOUTH PRESS

中青雄狮

律师声明

北京市中友律师事务所李苗苗律师代表中国青年出版社郑重声明：本书由著作权人授权中国青年出版社独家出版发行。未经版权所有人和中国青年出版社书面许可，任何组织机构、个人不得以任何形式擅自复制、改编或传播本书全部或部分内容。凡有侵权行为，必须承担法律责任。中国青年出版社将配合版权执法机关大力打击盗印、盗版等任何形式的侵权行为。敬请广大读者协助举报，对经查实的侵权案件给予举报人重奖。

侵权举报电话

全国"扫黄打非"工作小组办公室
010-65233456　65212870
http://www.shdf.gov.cn

中国青年出版社
010-50856028
E-mail: editor@cypmedia.com

图书在版编目（CIP）数据

AutoCAD 2017中文全彩铂金版案例教程 / 高亚骏, 付志春, 衷文主编.
— 北京: 中国青年出版社, 2018.3
ISBN 978-7-5153-5012-7
Ⅰ.①A… Ⅱ.①高… ②付… ③衷… Ⅲ.①AutoCAD软件–教材
Ⅳ.①TP391.72
中国版本图书馆CIP数据核字（2017）第298194号

策划编辑　张　鹏
责任编辑　张　军

AutoCAD 2017中文全彩铂金版案例教程

高亚骏　付志春　衷文 / 主编
邹努　封绪荣 / 副主编

出版发行	中国青年出版社
地　　址	北京市东四十二条21号
邮政编码	100708
电　　话	（010）50856188 / 50856199
传　　真	（010）50856111
企　　划	北京中青雄狮数码传媒科技有限公司
印　　刷	湖南天闻新华印务有限公司
开　　本	787 x 1092　1/16
印　　张	12.5
版　　次	2018年6月北京第1版
印　　次	2018年6月第1次印刷
书　　号	ISBN 978-7-5153-5012-7
定　　价	69.90元（附赠1DVD，含语音视频教学+案例素材文件+PPT电子课件+海量实用资源）

本书如有印装质量等问题，请与本社联系　电话：（010）50856188 / 50856199
读者来信：reader@cypmedia.com　投稿邮箱：author@cypmedia.com
如有其他问题请访问我们的网站: http://www.cypmedia.com

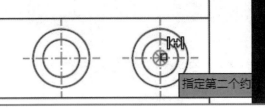

Preface 前言

首先，感谢您选择并阅读本书。

软件简介

随着计算机技术的飞速发展，计算机辅助设计软件的应用表现出如火如荼的势态。AutoCAD作为一款专门用于计算机辅助绘图与设计的软件，凭借完善的图形绘制功能、强大的图形编辑功能、简洁友好的用户界面以及智能多元的发展方向，现已广泛应用于土木建筑、装饰装潢、城市规划、园林设计、电子电路、机械设计、服装鞋帽、航空航天、轻工化工等诸多领域。

内容提要

本书从实用性角度出发，帮助读者掌握AutoCAD 2017的绘图方法，让读者可以独立绘制复杂的图形。全书以理论知识结合实际案例操作的形式编写，分为基础知识和综合案例两部分。

基础知识部分，以"功能解析→实例操作→知识拓展→上机实训→课后练习"的形式，在介绍软件功能的同时，辅以具体案例来拓展读者的实际操作能力，真正做到所学即所用。每章内容学习完成后，还会有具体的案例来对本章所学内容进行综合应用，最后通过课后练习内容的设计，使读者对所学知识进行巩固加深。

在综合案例部分，根据AutoCAD的几大功能特点，有针对性、代表性和侧重点，并结合实际工作中的具体应用进行案例的选取。通过对这些实用性案例的学习，使读者达到学以致用的目的。

为了帮助读者更加直观地学习本书，随书附赠的光盘中不但包括了书中全部案例的素材文件，方便读者更高效地学习；还配备了多媒体有声视频教学录像，详细地展示各个案例效果的实现过程，扫除初学者对新软件的陌生感。

使用读者群体

本书是引导读者轻松学习AutoCAD 2017的最佳途径，适用读者群体如下：

● 各高等院校刚刚开始学习AutoCAD的莘莘学子；

● 各大中专院校相关专业及培训班学员；

● 机械、电气、园林、建筑、室内设计初学者；

● 从事CAD工作的相关工程技术人员。

本书在写作过程中力求谨慎，但因时间和精力有限，不足之处在所难免，敬请广大读者批评指正。

编　者

Contents 目录

Part 01 基础知识篇

Chapter 01 AutoCAD基础知识

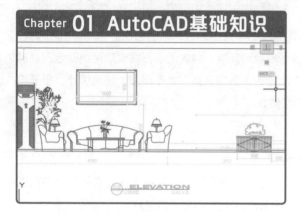

Chapter 02 绘制平面图形

Chapter 03 管理与注释

Chapter 04 创建三维模型

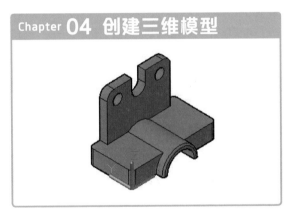

Chapter 05 编辑三维模型

Chapter 06 图形的打印与输出

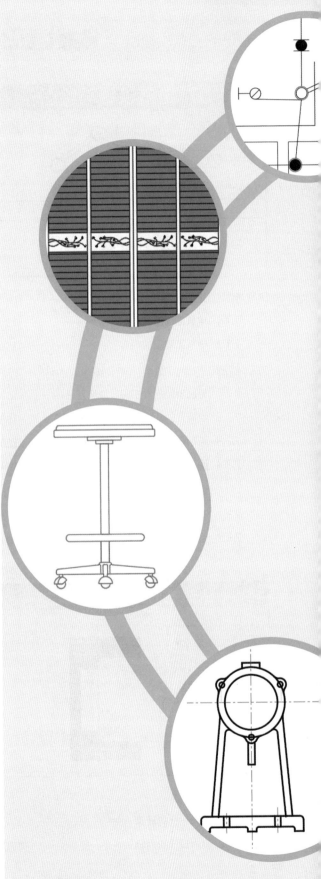

Part 02 综合案例篇

Chapter 07 电气设计与绘图

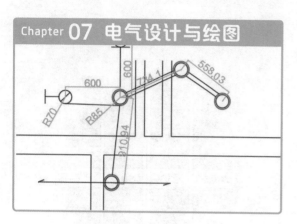

Chapter 08 室内设计与绘图

Chapter 09 机械设计与绘图

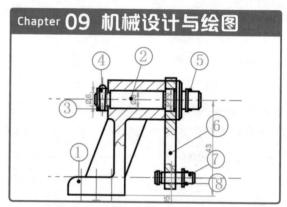

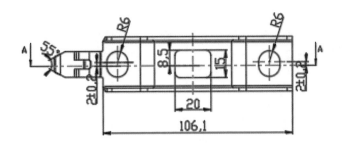

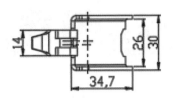

SECTION A-A

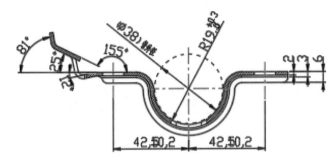

Part 01

基础知识篇

基础知识篇对AutoCAD软件的基础知识和功能应用进行了全面地介绍，包括图形绘制与编辑、对象的管理与注释、三维模型的创建与编辑以及图形的输出与打印等。在介绍软件功能的同时，配以丰富的实战案例，让读者全面掌握软件操作技术。熟练掌握这些理论知识，将为后面综合案例的学习奠定基础。

▎Chapter 01　AutoCAD基础知识　　　▎Chapter 02　绘制平面图形

▎Chapter 03　管理与注释　　　　　　▎Chapter 04　创建三维模型

▎Chapter 05　编辑三维模型　　　　　▎Chapter 06　图形的打印与输出

Chapter 01 AutoCAD基础知识

本章概述

AutoCAD是一款用于绘制二维图形、三维图形、图形渲染以及图样输出等的计算机辅助设计软件。本章重点介绍AutoCAD的基础知识，例如软件界面和空间介绍、绘图环境设置以及常用命令的调用方法等，使读者对AutoCAD软件有一个初步地认识。

核心知识点

❶ 了解AutoCAD的工作环境
❷ 熟悉软件的基本操作
❸ 掌握AutoCAD命令的调用方法
❹ 掌握AutoCAD的视图操作

1.1 AutoCAD快速入门

　　CAD（Computer Aided Design）指的是计算机辅助设计，是计算机技术的一个重要应用领域。AutoCAD则是美国Autodesk公司开发的一款交互式绘图软件，用于二维、三维图形的绘制与编辑，用户可以使用该软件来创建、浏览、管理、打印、输出以及共享设计的图形。

　　AutoCAD具有广泛的适用性，具有使用方便、易于掌握、结构体系开放等优点，是目前世界上应用最为广泛的CAD软件。概括地讲，AutoCAD具有以下特点：

- 具有完善的图形绘制功能；
- 具有强大的图形编辑功能；
- 可以采用多种方式进行二次开发或用户定制；
- 可以进行多种图形格式的转换，具有较强的数据交换能力；
- 支持多种硬件设备；
- 支持多种操作平台；
- 具有通用性、易用性，适用于各类用户。

1.1.1 AutoCAD能做什么

　　Autodesk公司自1982年推出AutoCAD第一个版本至今，已经对AutoCAD进行了若干次升级。其强大的绘图辅助功能，已经成为当今时代最能实现设计创意的工具，被广泛应用于机械、建筑、测绘、电子、航天、造船、汽车、土木工程、纺织、地质、气象、轻工石油化等行业。

1. AutoCAD在机械领域的应用

　　AutoCAD最早应用于机械制造行业，目前机械制造仍然是AutoCAD应用最广泛的行业。使用Auto-CAD进行机械制造相关产品的设计，大大减轻设计人员繁重的图形绘制工作，方便设计人员创新设计思路，实现创新设计自动化，提高产品的品质，增强企业的市场竞争力，促使企业由单一的作业管理模式发展为多元化作业与管理，以建立一种全新的设计制造与管理体制，提高生产效率。

2. AutoCAD在建筑行业的应用

　　CAAD计算机辅助建筑设计是CAD在建筑方面的应用，随着AutoCAD的广泛使用，使得建筑行业的设计迎来了一场真正的变革，在CAAD软件由开始的二维通用绘图软件逐步发展到今天的三维建筑模型软件，CAAD技术已经开始被广泛使用，不仅提高了设计质量，缩短工程周期，同时也减少工程材料的浪费，节约建材和投资成本。

3. AutoCAD在电子电气行业的应用

AutoCAD在电子电气领域的应用被称为电子电气CAD，主要包括电气原理图的设计与编辑、电路功能调试与仿真、工作环境模拟以及印制板设计与检测等。同时，使用电子电气CAD软件还能快速生成各类报表文件，为元件的统计、采购及工程的预算和决算提供了方便。

4. AutoCAD在轻工纺织行业的应用

传统纺织品及服装的样式设计、图案协调、色彩变化、图案分色及配色等全是由人工完成，速度慢、效率低，不能满足目前市场对纺织品及服装的要求，并且随着生活水平的提高，市场要求小批量、多花色、高质量且交货快的纺织品与服装。随着AutoCAD技术的不断应用，大大加快了轻工纺织及服装行业的发展。

5.AutoCAD在娱乐行业的应用

现如今，CAD技术已经进入人们生活的各个领域，不管是电影、动画、广告，还是其他的娱乐行业，AutoCAD技术均参与其中并发挥重要作用。例如，广告公司利用CAD技术构造布景，以虚拟现实的手法展现人工难以做到的布景，达到人工布景不能比拟的艺术境界和效果展示，节约了大量的人力、物力，降低投资成本，展现了非凡的意境和视觉冲击。

1.1.2 AutoCAD的启动与退出

AutoCAD 2017安装成功后，在进行绘图前必须先启动软件。完成绘图操作后，我们要保存文件并退出软件。下面具体介绍AutoCAD 2017软件的启动与退出。

1. AutoCAD的启动

成功安装AutoCAD 2017后，用户可以通过以下方式启动该软件。

方法1：单击桌面右下角的开始按钮，在打开的列表中选择"所有程序\Autodesk\AutoCAD 2017简体中文（Simplified Chinese）\ AutoCAD 2017简体中文（Simplified Chinese）"选项，启动AutoCAD 2017。

方法2：双击桌面上的AutoCAD快捷图标**A**，启动AutoCAD 2017软件。

方法3：双击任意一个AutoCAD图形文件，即可打开该文件并启动AutoCAD 2017软件。

2. AutoCAD的退出

完成图形文件的绘制与保存操作后，我们可以通过以下方式退出AutoCAD 2017软件。

方法1：单击 "文件"菜单，在下拉列表中选择"退出"命令，退出AutoCAD软件。

方法2：直接单击标题栏右侧的"关闭"按钮，退出AutoCAD软件。

方法3：直接按下Ctrl+Q或Alt+F4组合键，退出AutoCAD软件。

> **提示：关闭当前图形**
>
> 若只需要关闭当前图形，单击该图形选项卡右侧的关闭按钮，或者单击"应用程序"按钮，在下拉列表中选择"关闭>当前图形"选项即可。

1.2 AutoCAD工作环境介绍

本小节将对AutoCAD的3种工作空间、软件的界面以及绘图环境的设置等进行介绍，为后续图形绘制的学习打下基础。

1.2.1 工作空间介绍

AutoCAD 2017有3个工作空间，分别为草图与注释工作空间、三维基础工作空间和三维建模工作空间，这3个工作空间可以通过状态栏的"切换工作空间"下拉列表来切换。下面将对这3个工作空间的特点、应用范围以及切换方式进行介绍。

1. 草图与注释工作空间

"草图与注释"是AutoCAD默认的工作空间，该空间用功能区代替了菜单栏和工具栏，这也是目前比较流行的一种界面形式。用户可以通过"工作空间"工具栏的下拉列表对"草图与注释"、"三维基础"和"三维建模"3种工作空间进行切换。"草图与注释"工作空间的功能区包含最常用的二维图形绘制、编辑和标注命令，非常适合二维图形的绘制与编辑，如下图所示。

2. 三维基础工作空间

三维基础工作空间与草图注释工作空间类似，主要是以单击功能区面板中的按钮来调用命令。但三维基础工作空间的功能区包含了基础的三维建模工具，例如常用三维模型创建、布尔运算以及三维编辑工具按钮等，可以非常方便地创建基本三维模型，如下图所示。

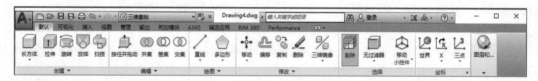

3. 三维建模工作空间

"三维建模"与"三维基础"工作空间主要区别在于功能区增添了"网格"和"曲面"建模功能面板。在该工作空间中，用户也可运用二维命令来创建三维模型，如下图所示。

1.2.2 工作界面介绍

启动AutoCAD 2017软件将进入下图所示的默认工作界面，该工作界面包括"应用程序"按钮、标题栏、菜单栏、快速访问工具栏、交互信息工具栏、标签栏、工具栏、功能区、绘图区、光标、坐标系、命令行、布局标签以及状态栏等区域。

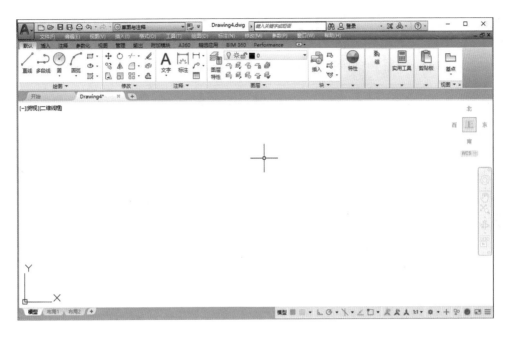

1. 标题栏

标题栏位于工作空间的最上方，用于显示软件的版本和当前打开图形文件的名称。标题栏的组成从左到右依次为"应用程序"菜单、快速访问工具栏、标题、信息中心、"最小化"按钮、"最大化/还原"按钮和"关闭"按钮，如下图所示。

- **"应用程序"菜单**：该菜单位于界面左上角，提供文件管理、图形发布以及选项设置的快捷方式。单击"应用程序"按钮图标 A，将弹出"应用程序"下拉菜单，包括"新建"、"打开"、"保存"、"另存为"、"输出"及"打印"等选项，右侧面板中显示了"最近使用过的文档"列表、"选项"按钮和"退出Autodesk AutoCAD 2017"按钮，如下左图所示。

用户可以直接在"搜索"文本框 内输入命令名称，在弹出的与之相关的命令列表中选择所需的命令，执行对应的操作，如下右图所示。

 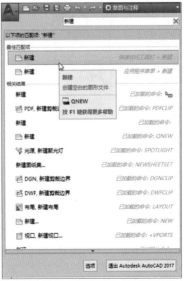

● **快速访问工具栏**：快速访问工具栏位于"应用程序"菜单右侧，系统默认由"新建"、"打开"、"保存"、"另存为"、"打印"、"放弃"和"重做"7个快速访问工具组成，如下图所示。工具栏右侧为工作空间列表框，单击工作空间下拉按钮，可自由切换AutoCAD 2017的工作空间。

2. 菜单栏

菜单栏中包含所有可使用菜单命令的集合，位于标题栏的下面，主要包括"文件"、"编辑"、"视图"、"插入"、"格式"、"工具"、"绘图"、"标注"、"修改"、"参数"、"窗口"和"帮助"12个主菜单组成。单击主菜单项，在弹出的下拉菜单中选择对应的命令选项，即可执行相应的操作。

> **提示：显示/隐藏菜单栏**
>
> AutoCAD 2017默认工作界面上菜单栏是不显示的，如果用户需要显示或者调用菜单栏，只需单击快速访问工具栏右侧下拉按钮，在弹出的下拉列表中选择"显示菜单栏"选项。如果用户需要隐藏菜单栏，则可再次打开该下拉列表，选择"隐藏菜单栏"选项。

3. 功能区

功能区通常由若干个选项卡组成，每个选项卡中包含若干个面板，每个面板中又包含多个分组放置的图标工具按钮，存在于草图于注释、三维基础和三维建模工作空间中。例如，在草图与注释工作空间中，功能区包含"默认"、"插入"、"注释"、"参数化"、"视图"、"管理"、"输出"、"附加模块"、A360、"精选应用"、BIM 360以及Performance等选项卡，而"默认"选项卡下又包含"绘图"、"修改"、"注释"、"图层"、"块"、"特性"、"组"、"实用工具"以及"剪切板"等多个图标工具按钮的分类面板，如下图所示。

> **提示：显示更多的工具按钮**
>
> 单击功能区面板下方的名称或下拉箭头，可展开折叠区域，弹出更多工具按钮。例如，单击"绘图"面板名称，其展开后的效果如右图所示。
>
>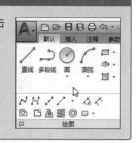

4. 绘图区

绘图区是用户进行图形绘制、对象编辑的工作区域。绘图区域其实是无限大的，用户可以通过"缩放"、"平移"等命令来随意观察图形文件。

绘图区的左下角有一个坐标系图标，以方便用户了解当前视图的方向，AutoCAD默认的坐标系为世界坐标系（WCS）。

绘图窗口下方设有"模型"、"布局1"和"布局2"选项卡，单击其标签可在模型空间和图纸空间相互转换。

5. 命令窗口与文本窗口

命令窗口（或称命令行）如下左图所示，用户可以通过按Ctrl+9组合键来控制命令窗口的显示和隐藏。命令窗口主要用于接收和输入命令或显示AutoCAD的提示信息，默认状态下命令窗口位于绘图区底部，用户可以根据需要拖到任意位置，也可以利用光标拖动命令窗口的边框线来调整其大小。

文本窗口相当于放大的命令窗口，它记录了对文档的所有操作命令，如下右图所示。用户可以执行"视图>显示>文本窗口"命令或者按下Ctrl+F2快捷键，打开文本窗口。

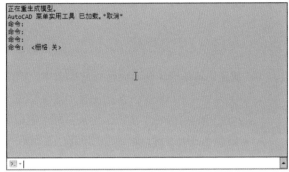

6. 状态栏

状态栏位于整个界面最下端，用于显示和控制AutoCAD当前工作状态，最左端的坐标值用于显示当前光标的位置坐标，其后是推断约束、捕捉模式、栅格显示、正交模式、极轴追踪、对象捕捉、三维对象捕捉、对象捕捉追踪、切换工作空间以及注释监视器等具有绘图辅助功能的控制按钮，如下图所示。

1.2.3　系统选项设置

对于大部分绘图环境的设置，用户可以单击"应用程序"按钮，在打开的面板中单击"选项"按钮，如下左图所示。在打开的"选项"对话框中，对系统的显示方式、保存方式以及系统配置等进行设置，如下右图所示。

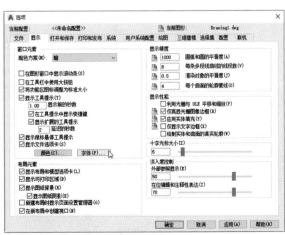

下面对"选项"对话框中各选项卡的功能进行
介绍，具体如下。

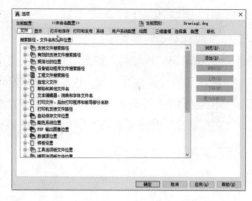

- **"文件"选项卡**：用于确定系统搜索支持文
  件、驱动程序文件、菜单文件以及其他文件
  的路径，以及用户定义的一些设置，如右图
  所示。

- **"显示"选项卡**：在"显示"选项卡中，用户可以对窗口元素、布局元素、显示精度、显示性能、
  十字光标大小以及淡入度控制等显示性能进行设置，如下左图所示。用户可以在"窗口元素"选项
  区域中单击"颜色"按钮，打开"图形窗口颜色"对话框，在该对话框中可以根据需要对绘图区的
  背景颜色进行设置，如下右图所示。

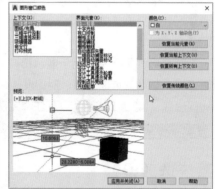

- **"打开和保存"选项卡**：该选项卡下包括"文件保存"、"文件安全措施"、"文件打开"、"应用程序
  菜单"、"外部参照"、"ObjectARX应用程序"等选项区域。用户可以根据需要设置是否自动保存
  文件、是否加载外部参照、是否维护日志或指定自动保存文件的时间间隔等，如下左图所示。

- **"打印和发布"选项卡**：该选项卡用于设置打印机和打印机样式参数，系统默认的输出设备为Win-
  dows打印机，用户可以根据自己的需要进行配置，如下右图所示。

- **"系统"选项卡**：该选项卡由"硬件加速"、"当前定点设备"、"触摸体验"、"布局重生成选项"、
  "常规选项"以及"帮助"等选项区域组成，可以对图形显示特性、当前定点设备的类型、警告信息
  的显示控制以及"OLE文字大小"对话框的显示控制等进行设置，如下左图所示。

● **"用户系统配置"选项卡：** 在该选项卡下用户可以根据习惯来自行定义自己的操作习惯，在不改变 AutoCAD系统配置的同时，满足用户在软件使用上偏好的需求，如下右图所示。

● **"绘图"选项卡：** 在该选项卡下用户可以在"自动捕捉设置"和"AutoTrack设置"选项区域进行自动捕捉、自动追踪等定形和定位功能的设置，包括自动捕捉与自动追踪时标记和靶框的大小等，如下左图所示。

● **"三维建模"选项卡：** 该选项卡用于三维绘图模式下相关参数的设置，包括三维十字光标、三维对象视觉样式、曲面或网格的素线数、三维导航及动态输入等，如下右图所示。

 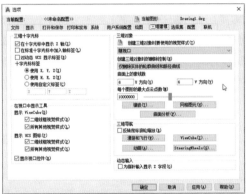

● **"选择集"选项卡：** 在该选项卡下用户可以设置选择集模式、拾取框大小、夹点尺寸等，如下左图所示。

● **"配置"选项卡：** 在该选项卡下用户可以根据不同的需求对系统配置进行设置，例如系统配置文件的创建、重命名及删除等操作，以便在使用中需要相同设置时，直接调用该配置文件，如下右图所示。

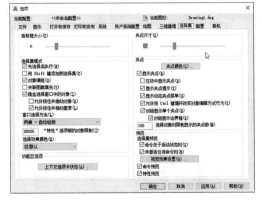 

● **"联机"选项卡：** 在该选项卡下用户可以登录A360用户，随时随地上传、保存和共享文件。

提示：其他打开"选项"对话框的方法

方法1：在菜单栏中执行"工具>选项"命令，打开"选项"对话框；
方法2：在命令行输入OPTIONS，打开"选项"对话框；
方法3：在绘图区单击鼠标右键，在弹出的快捷菜单中选择"选项"命令，打开"选项"对话框。

1.2.4 绘图环境设置

在AutoCAD中，绘图环境主要是指绘图窗口的显示颜色、光标颜色和尺寸、默认保存文件的路径以及打开和保存图形文件的格式等。在使用AutoCAD进行绘图前，用户需提前设置或选定一系列的属性参数，一个好的绘图环境能使用户有效地提高工作效率。

1. 设置绘图单位

AutoCAD绘图单位的设置主要包括设置长度单位、角度单位、精度以及坐标方向等，用户可以在菜单栏中执行"格式>单位"命令，在打开的"图形单位"对话框中对绘图单位进行设置，如下左图所示。

● **设置长度单位格式：** 用户可以在"长度"选项区域的"类型"下拉列表中选择单位类型，在"精度"下拉列表中选择精度类型，此时"输出样例"选项区域将显示当前精度下单位格式的样例。

● **设置角度单位格式：** 用户可以在"角度"选项区域的"类型"下拉列表中选择角度类型，在"精度"下拉列表中选择精度类型，此时在"输出样例"选项区域将显示当前精度下单位格式的样例。

● **设置角度方向：** 在默认情况下，AutoCAD是按逆时针方向进行正角度测量的，如果需要调整为顺时针方向，只需勾选"顺时针"复选框即可。在"图形单位"对话框中单击"方向"按钮，在打开的"方向控制"对话框中，用户可以对控制角度的起点和测量方向进行设置，如下右图所示。

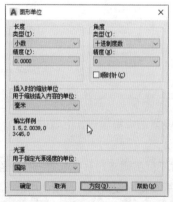

提示：使用命令行打开"图像单位"对话框

用户可以直接在命令行输入UNITS/UN命令，打开"图像单位"对话框。

2. 设置图形界限

在绘图过程中，为了避免所绘图形超出图纸的边界或工作区域，用户可以在菜单栏中执行"格式>图形界限"命令，或直接在命令行输入LIMITS命令，来标明图形边界。启用"图形界限"命令后，命令行给出的提示信息如右图所示。此时要求输入左下角坐标，如果直接按Enter键，则默认左下角位置的坐标为（0,0）。

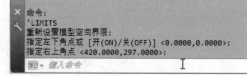

1.3 AutoCAD的基本操作

在对AutoCAD软件有一定了解后，接下来就可以进行一些基本操作了，例如命令的调用、命令的基本操作、文件的管理、视图的显示以及坐标系的使用等，熟练掌握这些操作将为后续的图形绘制打下基础。

1.3.1 AutoCAD命令的调用

要使用AutoCAD进行工作，必须知道如何向软件下达相关的指令，然后软件才能根据用户的指令进行相关操作，AutoCAD的命令有很多，下面以调用"偏移"命令进行介绍。用户可以在菜单栏执行"修改>偏移"命令来完成"偏移"命令的调用，如下图所示。

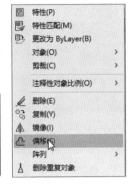

> **提示：其他调用命令的方法**
>
> 方法1：在命令行直接输入OFFSET或其简写形式O，按下Enter键，调用"偏移"命令。
> 方法2：在非"AutoCAD经典"工作空间，用户可以单击功能区"修改"面板中的"偏移"按钮⚲，完成"偏移"命令的调用。

1.3.2 AutoCAD命令的基本操作

在AutoCAD中，命令的基本操作主要包括重做命令、放弃命令、退出命令、重复调用命令等，下面逐一进行介绍。

1. 重做命令

在绘图过程中，若撤销了某个不需要撤销的操作，可以通过"重做"功能来返回撤销前的操作状态，启用"重做"命令的方法有以下几种。

方法1：在菜单栏执行"编辑>重做"命令，执行重做操作；
方法2：单击快速访问工具栏中的"重做"按钮↪·，执行重做操作；
方法3：直接按下Ctrl+Y组合键，执行"重做"命令；
方法4：在命令行输入REDO并按Enter键，执行"重做"命令。

2. 放弃命令

在绘图过程中，若需要撤销某个操作，返回到之前的某一个操作，可以使用"放弃"功能，启用"放弃"功能的方法有以下几种。

方法1：单击快速访问工具栏中的"放弃"按钮↩·，执行放弃操作；
方法2：在菜单栏执行"编辑>放弃"命令，执行放弃操作；
方法3：直接按下Ctrl+Z组合键，执行放弃操作；
方法4：在命令行输入UNDO/U命令，执行放弃操作。

3. 退出命令

在绘图过程中，命令使用完后需要执行退出操作，在AutoCAD 2017中用户可以在绘图区单击鼠标右键，从弹出的快捷菜单中选择"取消"命令，来完成命令的退出；也可以直接按下Esc键来执行退出操作。

4. 重复调用命令

在绘图时，常常遇到需要重复调用某一个命令的情况，此时用户可以快速重复调用的命令，具体操作方法有以下两种。

方法1：直接按下Enter键或按空格键，重复使用上一个命令；

方法2：在命令行输入MULTIPLE/MUL并按Enter键，重复使用上一个命令。

1.3.3 AutoCAD的文件操作

AutoCAD应用程序符合Windows标准，因此基本的文件操作方法和其他应用程序大致相同，在Auto-CAD 2017中，图形文件的基本操作主要有新建文件、打开文件、保存文件、查找文件和输出文件等。

1. 新建文件

正常启动AutoCAD 2017后，系统会自动创建一个"开始"图形文件，该文件默认以"acadiso.dwt"为样板。

在绘图设计过程中用户可以随时执行"文件>新建"命令（或使用Ctrl+N组合键），创建新的图形文件，在弹出的下拉列表中选择"新建"选项，弹出"选择样板"对话框，如果要创建基于样板的图形文件，则单击"打开"按钮即可。用户也可以在"名称"列表框中选择其他的样板文件，如下左图所示。

2. 打开文件

在AutoCAD 2017中，若需要查看或重新编辑已经保存的文件，则需要重新打开文件。执行"文件>打开"命令（或使用组合键Ctrl+O），打开"选择文件"对话框，选择需要打开的文件，单击"打开"按钮，如下右图所示。用户也可以在命令行输入open并按Enter键，弹出"选择文件"对话框。

 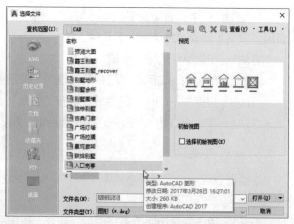

> **提示：其他新建文件的方法**
>
> 方法1：单击"应用程序"按钮，在下拉菜单中选择"新建>图形"选项，完成新建文件操作；
>
> 方法2：单击快速访问工具栏中的"新建"按钮，完成新建文件操作。

3. 保存文件

对文件执行保存操作，是为了将新绘制或修改过的文件保存到计算机磁盘中，避免因为断电、关机或死机而丢失，方便再次使用。

新建文件并执行"文件>保存"命令，会弹出"图形另存为"对话框，用户可以对文件的存储位置、名称、格式等进行设置，如下左图所示。

对已经保存过的文件，执行"文件>保存"命令（或按下Ctrl+S组合键），文件的当前状态将自动覆盖修改前的状态。

4. 关闭文件

绘制完图形文件并保存后，用户可以执行"文件>关闭"命令（或按下Ctrl+F4组合键），关闭当前图形文件；或直接在图形选项卡中单击文件名称右侧的"关闭"按钮，完成图形文件的关闭操作。

关闭文件时，如果当前图形文件没有保存，系统将弹出提示对话框，单击"是"按钮，保存当前文件；单击"否"按钮，取消保存并关闭当前文件，如下右图所示。

> **提示：图形文件另存为**
>
> 对已有文件进行编辑后，如果想保留原来的图形文件，用户可以执行"文件>另存为"命令，在弹出的"图形另存为"对话框中设置文件的位置、存储类型、名称等信息并单击"保存"按钮。此时将生成一个副本文件，副本文件为当前修改过的文件，原文件保留。

1.3.4 AutoCAD的视图操作

在绘图的过程中，为了方便观察图形的整体效果或局部细节，经常需要对视图进行移动、缩放、重生成等操作，本小节将对AutoCAD的常用视图操作进行介绍。

1. 缩放视图

缩放视图相当于调整当前视图的大小，这样既可以观察图形的细节，也可以观察图形的整体效果。

在命令行输入ZOOM并按下Enter键，根据提示选择缩放模式，或单击绘图区右侧导航栏"缩放范围"按钮，在弹出的下拉列表中用户可以根据需要选择相应的缩放选项，对视图进行缩放操作。

● **全部缩放：** 全部缩放是按一定比例对当前视图整体进行全部缩放，在命令行输入ZOOM命令并按Enter键，根据提示选择"全部（A）"选项，完成全部缩放操作。下左图为缩放前效果，下右图为缩放后效果。

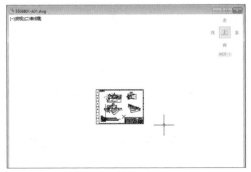
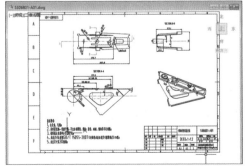

- **中心缩放**：中心缩放是以指定点为中心点，对整个图形按照指定的缩放比例进行缩放。在命令行输入ZOOM命令并按Enter键，根据提示选择"中心（C）"选项，即可完成中心缩放，缩放之后指定的点将成为新视图的中心点。

- **动态缩放**：动态缩放功能是以动态方式缩放视图，在命令行输入ZOOM命令并按Enter键，根据提示选择"动态（C）"选项；或执行"视图>二维导航>缩放"命令，执行动态缩放操作。

- **范围缩放**：范围缩放是指所有图形对象尽可能最大化显示，充满整个窗口。在命令行输入ZOOM命令并按Enter键，根据提示选择"范围（E）"选项，即可进行范围缩放操作。

- **比例缩放**：比例缩放是按照输入的比例值进行缩放，在命令行输入ZOOM命令并按Enter键，根据提示选择"比例（S）"选项，根据命令行提示输入缩放比例值。在AutoCAD 2017中输入缩放比例值的方法有三种：直接输入数值，相对于图形界限进行缩放；在数值后加X，相对于当前视图进行缩放；在数值后加XP，相对于图纸空间单位进行缩放。下左图为图形缩放前效果，下右图为图形进行8倍缩放后的效果。

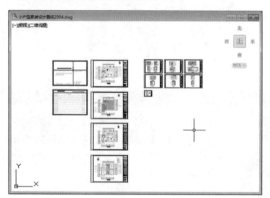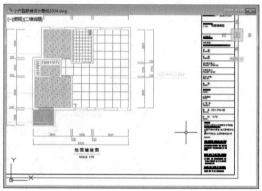

- **实时缩放**：实时缩放是根据绘图需要，将图形随时进行放大或缩小操作，在命令行输入ZOOM命令并按Enter键，根据提示选择"实时"选项，然后按住鼠标左键向上移动，放大图形；按住鼠标左键向下移动，缩小图形。

- **对象缩放**：对象缩放是将选择的图形最大限度显示在屏幕上，在命令行输入ZOOM命令并按Enter键，根据提示选择"对象（O）"选项，然后选择缩放对象并单击鼠标右键，即可完成对象的缩放操作。下左图为缩放前效果，下右图为选择客厅沙发立面图为缩放对象的效果。

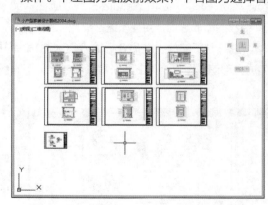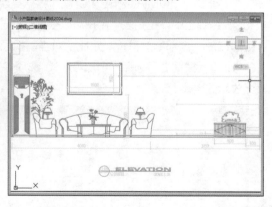

- **窗口缩放**：在命令行输入ZOOM命令并按Enter键，根据提示选择"窗口（W）"缩放选项后，可以按住鼠标左键拖出一个矩形区域，释放鼠标左键后，该矩形范围内的图形以最大化显示。下左图为图形缩放前效果，下右图为车身连接支架的缩放图。

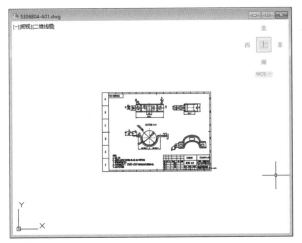
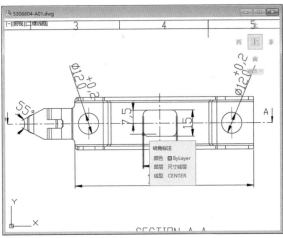

2. 平移视图

视图平移不会改变视图中图像的实际位置，只改变当前视图在操作区域的位置，以便于观察或绘制图形的其他组成部分。

直接在命令行输入PAN/P命令并按下Enter键，光标将变成手形状，按住鼠标左键，移动光标到合适位置，释放鼠标即可移动视图；或者执行"视图>平移"命令，在弹出的子菜单中选择相应的平移视图命令，如右图所示。

> **提示：快速平移视图**
>
> 用户可以按住鼠标滚轮并拖动，快速进行视图平移操作。

3. 重画与重生成视图

在使用AutoCAD进行图形的绘制过程中，有时会在屏幕上留下绘图的痕迹与标记，为了去除这些痕迹，用户可以使用重画与重生成功能刷新视图，下面对重画与重生成功能进行具体介绍。

- **重画：**"重画"命令用于快速刷新视图，查看当前最新修改。用户可以执行"视图>重画"命令，或在命令行输入REDRAW/REDRAWALL命令并按Enter键，刷新视图。
- **重生成：**当使用"重画"命令失效时，用户可以选择"重生成"命令刷新当前视图。执行"视图>重生成"命令，或在命令行输入REGEN/RE命令并按Enter键，完成视图的重生成操作。选择"重生成"命令后，计算机会通过后台数据重新计算所有对象的坐标及图形信息，从而优化显示。

4. 新建/命名视口

视口用于显示模型不同的视图区域，根据模型的复杂程度和实际查看需要，AutoCAD提供了12种不同的视口样式。用户可以根据实际需要自由创建视口，新视口可以单独进行平移和缩放操作，不同视口也可以进行切换。

"新建视口"命令可以将绘制窗口划分为若干个视口，便于查看图形。用户可以根据实际需要自由创建视口，并将创建好的视口保存以便下次使用，具体操作如下。

步骤 01 在菜单栏执行"视图>视口>新建视口"命令，打开"视口"对话框，如下左图所示。

步骤 02 在"新建视口"选项卡下的"新名称"文本框中输入视口名称，并选择视口样式，如下右图所示。

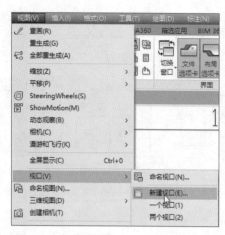
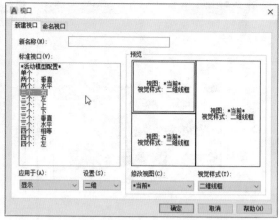

步骤03 单击"确定"按钮，系统将自动按照要求进行视口分隔，如下左图所示。

步骤04 单击各视口左上角的视口名称选项，在打开的下拉列表中选择当前选中视口名称，即可改变当前视口视角，如下右图所示。

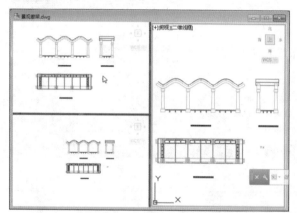
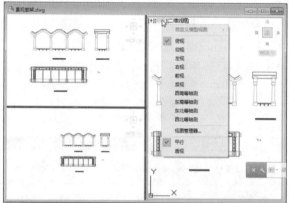

提示：用其他方法新建或命名视口

方法1：在功能区的"视图"选项卡下，单击"模型视口"面板中的"命名"按钮 ，在弹出的"视口"对话框中新建或命名视口；

方法2：在命令行输入VPORTS命令，然后按下Enter键，在弹出的"视口"对话框中进行视口的新建或命名操作。

知识延伸：AutoCAD坐标系的使用

在AutoCAD中，图形的定位主要是依靠坐标系进行确定，AutoCAD坐标系统分为世界坐标系和用户坐标系，用户可以通过UCS命令切换这两种坐标系。

1. 世界坐标系

世界坐标系是系统默认的坐标系，也称为WCS坐标系，是由三个相互垂直的坐标轴，即X轴、Y轴和Z轴构成，X轴、Y轴和Z轴的交点O称为原点。X轴正方向是水平向右，Y轴正方向是垂直向上，Z轴正方向垂直于XOY平面指向用户。下左图为二维图形空间的坐标系，下右图为三维图形空间的坐标系。

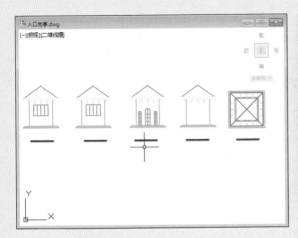 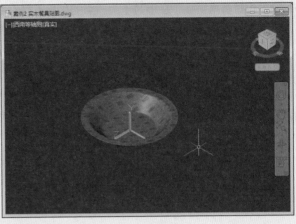

2. 用户坐标系

用户坐标系，顾名思义是用户根据绘图需要定义的坐标系。在绘图过程中若需要修改坐标系的原点位置和坐标方向，可以使用用户坐标系，用户可以根据具体需要来定义。默认情况下用户坐标系与世界坐标系是完全重合的，用户坐标系的图标原点比世界坐标系原点处少了一个小方格。下左图为世界坐标系，下右图为用户坐标系。

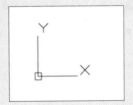 

3. 坐标输入方法

在AutoCAD中一个点的坐标由绝对直角坐标、绝对极坐标、相对直角坐标和相对极坐标4种方法表示，下面逐一介绍。

- **绝对直角坐标**：是相对于坐标原点的坐标，输入方式为（X, Y）或者（X, Y, Z），绘制二维平面图形时，若Z值为0，可忽略不输入，仅输入X和Y值，例如输入（40,50），如下左图所示。
- **绝对极坐标**：是相对于坐标原点距离和角度定义的位置。极坐标在输入时，距离和角度之间用"<"符号隔开。例如，在命令行输入（50<30），表示从X正方向逆时针旋转30°距离原点50个图形单位，如下右图所示。

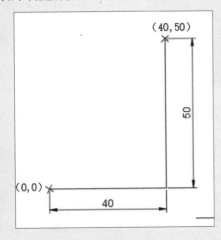 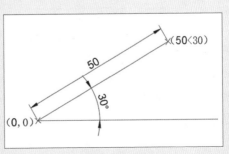

- **相对直角坐标：** 是相对于上一点的坐标，是以前一个点为参考点，用位移增量来确定点的位置。相对直角坐标输入时，要在坐标值的前面加上@符号，例如前一个操作点坐标为（X，Y），输入（@nX, nY），则该点的相对直角坐标为（nX, nY），如下左图所示。
- **相对极坐标：** 是以某一点为参考极点，输入相对于坐标极点的距离和角度来表示一个点的位置。相对极坐标在输入时要在距离值前面加上@符号，例如坐标（@15<60°）是指相对于前一点距离为15个图形单位角度为60°的一个点，如下右图所示。

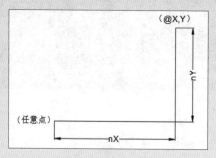 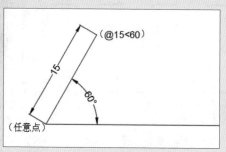

上机实训：自定义绘图环境

用户在使用AutoCAD进行绘图时，可以根据绘图需要和个人操作习惯来自定义绘图工作环境，下面介绍具体操作方法。

步骤01 在菜单栏执行"文件>新建"命令，弹出"选择样板"对话框，选择所需的图形样板选项，单击"打开"按钮，新建一个AutoCAD文件并进入绘图界面，如下左图所示。

步骤02 在命令行输入LIMITS（图形界限）命令并按下Enter键，设置A4图纸的图形界限，命令行操作如下右图所示。

 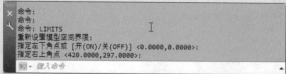

步骤03 在命令行输入DS命令并按下Enter键，弹出"草图设置"对话框，在"捕捉和栅格"选项卡中取消"显示超出界限的栅格"复选框的勾选，单击"确定"按钮，如下左图所示。

步骤04 在命令行输入UN命令并按下Enter键，打开"图形单位"对话框，设置"长度"选项区域的"类型"为"小数"、选择"精度"为0.00；在"角度"选项区域的"类型"选项为"度/分/秒"、选择"精度"为0d00'00"。然后勾选"顺时针"复选框并单击"确定"按钮，完成图形单位设置，如下右图所示。

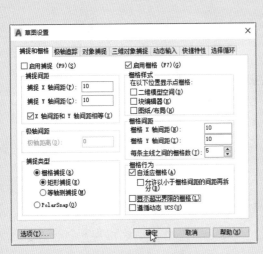
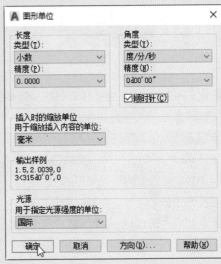

步骤 05 在绘图区域右击，在弹出的快捷菜单中选择"选项"命令，如下左图所示。

步骤 06 弹出"选项"对话框，在"显示"选项卡中单击"窗口元素"选项区域的"颜色"按钮，如下右图所示。

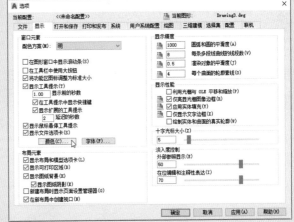

步骤 07 弹出"图形窗口颜色"对话框，单击"颜色"下拉按钮，选择需要替换的颜色，如下左图所示。

步骤 08 然后在"预览"选项区域中预览效果后，单击"应用并关闭"按钮，如下右图所示。

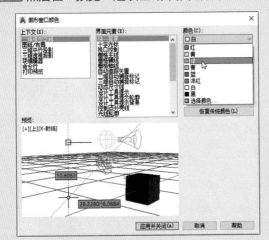
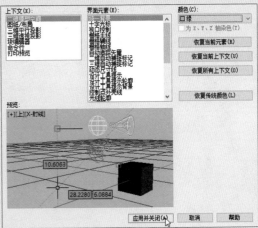

课后练习

1. 选择题

（1）在AutoCAD中，定义绘图环境时使用最多的是（　　）对话框。

　　A. 选项　　　　　　　　B. 自定义　　　　　C. 环境设置　　　　　D. 标准

（2）在十字光标处被调用的菜单为（　　）。

　　A. 鼠标菜单　　　　　　B. 快捷菜单　　　　C. 十字交叉线菜单　　D. 没有菜单

（3）使用缩放功能改变的只是图形的（　　）。

　　A. 实际比例　　　　　　B. 显示比例　　　　C. 实际大小　　　　　D. 窗口大小

（4）如果从起点（5，5）处绘制X轴方向成30°夹角、长度为50的直线段，应输入坐标为（　　）。

　　A. 50,30　　　　　　　B. @ 30,50　　　　C. 50<30　　　　　　D. @50<30

2. 填空题

（1）AutoCAD有草图与注释工作空间、三维基础工作空间和＿＿＿＿＿＿＿3个工作空间。

（2）在AutoCAD中，执行"文件>打开"命令，将打开＿＿＿＿＿＿＿对话框。

（3）AutoCAD中坐标系分为用户坐标系和＿＿＿＿＿＿＿，用户可以通过执行＿＿＿＿＿＿＿命令进行坐标系的转换。

3. 上机题

　　根据本章所学知识，用户可以利用坐标系输入法进行下图所示的图形绘制。

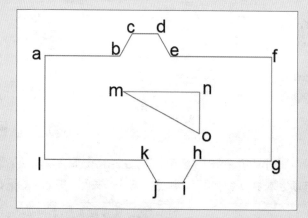

Chapter 02 绘制平面图形

本章概述

本章主要介绍简单二维图形的绘制、复杂二维图形的绘制以及二维图形的编辑等内容，通过本章知识的学习，使用户对二维图形绘制有一个全面的了解和认识，能够构建精准的图形。

核心知识点

① 掌握简单二维图形绘制
② 掌握复杂二维图形绘制
③ 学会精准地设置二维图形绘制参数
④ 掌握二维图形编辑操作

2.1 简单平面图形绘制

在AutoCAD软件中，使用二维绘图命令是进行图形绘制的最基本模式，可以绘制出简单的平面图形，例如直线、多段线、圆、矩形等。本小节将介绍各种二维绘图命令的使用方法，并结合实例来完成各种简单图形的绘制。

2.1.1 绘制点

点是构成图形的基础，无论是直线、曲线还是多段线，都是由无数个点连接而成的。点可以分成单点和多点两种，在AutoCAD软件中点的样式也可以根据需要进行设置。

1. 点样式设置

当用户需要设置点的类型与样式时，可以执行"格式<点样式"命令，在弹出的"点样式"对话框中设置点的类型和尺寸，然后单击"确定"按钮完成点样式的设置，如右图所示。

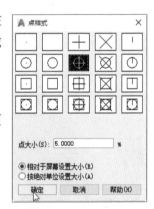

2. 绘制单点

完成点样式设置后，用户可以执行"绘图<点<单点"命令，然后在绘图页面的指定位置单击，即可绘制一个点。

3. 绘制特殊点

在AutoCAD软件中，特殊点的绘制分为定数等分和定距等分两种。

- **定数等分**：执行"绘图<点<定数等分"命令后，命令行提示选择需要定数等分的对象，然后输入对该对象进行等分的数目，下左图为对矩形上边框6等分后的效果。
- **定距等分**：执行"绘图<点<定数等分"命令，或单击"默认"选项卡的"绘图"面板中"定距等分"按钮后，命令行提示选择需要定距等分的对象，然后输入等分线段的长度，下右图为将中轴以15为单位进行定距等分的效果。

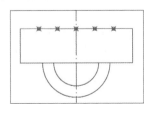 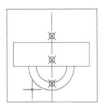

2.1.2 绘制线

在AutoCAD中可以绘制直线、多段线、构造线、样条曲线等各种形式的线，用户可以根据需要选择相关的命令进行线绘制操作。

1. 绘制直线

在AutoCAD中，直线绘制是最简单、最常用的绘图命令。执行"绘图>直线"命令，或直接在命令行输入LINE/L命令并按Enter键，根据命令行的提示在绘图区域指定直线的起点，移动光标，并输入直线的距离值，按Enter键完成绘制操作。

下面以绘制一个长500mm、宽300mm的矩形为例，对直线的绘制方法进行具体介绍。

步骤01 在命令行输入L命令并按Enter键，根据命令行提示指定直线起点后，向右移动光标，输入数值为500并按Enter键，如下左图所示。

步骤02 向下移动光标，输入数值为300并按Enter键，如下右图所示。

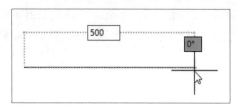 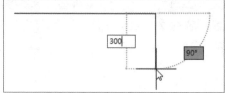

步骤03 向左移动光标，输入数值为500并按Enter键，如下左图所示。

步骤04 向上移动光标，在命令行输入C并按Enter键，完成矩形的绘制，如下右图所示。

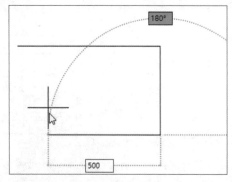 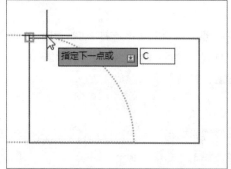

2. 绘制射线

射线是一端固定另一端无限延伸的直线，一般用于创建对象时的辅助线。执行"绘图>射线"命令、在"默认"选项卡下的"绘图"面板中单击"射线"按钮⊿或直接在命令行输入RAY命令并按Enter键，都可以执行"射线"命令。

执行"射线"命令后，根据命令行提示指定射线的起始点，移动光标到所需位置，指定第二点并按Enter键，完成射线的绘制。射线可以是一条，也可以是多条。

3. 绘制构造线

构造线是两端无限延伸的直线，没有起点和终点，也可以作为创建对象时的辅助线。执行"绘图>构造线"命令或者在"默认"选项卡下的"绘图"面板中单击"构造线"按钮⊿，都可以执行"构造线"命令。

执行"构造线"命令后，根据命令行提示指定线段的起始点和端点，即可创建出构造线，命令行提示内容如下图所示。

指定点或 [水平(H)/垂直(V)/角度(A)/二等分(B)/偏移(O)]:
XLINE 指定通过点:

- **水平（H）**：绘制水平构造线。
- **垂直（V）**：绘制垂直构造线。
- **角度（A）**：通过指定角度创建构造线。
- **二等分（B）**：用来创建已知角的角平分线，需要指定等分角的顶点、起点和端点。
- **偏移（O）**：用来创建平行于另一条基线的构造线，需要指定偏移距离、选择基线以及指定构造线位于基线的哪一侧。

2.1.3 绘制圆

在AutoCAD软件中，除了绘制直线、射线等直线对象外，还可以绘制多种曲线对象，例如圆、圆弧、椭圆、椭圆弧等。曲线绘图是AutoCAD中最常用的绘图方式之一，本节主要介绍各种常见曲线对象的绘制方法。

1. 绘制圆

圆在工程制图中是一种很常见的基本图形，在机械工程、园林、建筑制图等行业中，"圆"命令的调用都十分频繁。

在功能区"默认"选项卡下的"绘图"面板中单击"圆"按钮，或者直接在命令行输入CIRCLE/C命令并按Enter键，都可以调用"圆"命令。AutoCAD 2017提供了6种圆的绘制方法，分别为"圆心、半径"、"圆心、直径"、"两点"、"三点"、"相切、相切、半径"以及"相切、相切、相切"命令，下面具体进行介绍。

- **圆心、半径（R）**：通过指定圆心和半径位置绘制圆。

步骤01 执行"圆心、半径"命令，输入坐标（0,0）指定圆心，如下左图所示。

步骤02 按Enter键确定圆心位置后，输入半径值为300并按下Enter键，即可完成圆的绘制，如下右图所示。

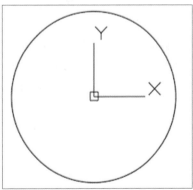

- **圆心、直径（D）**：通过指定圆心位置和直径的值绘制圆，具体操作方法和"圆心、半径"命令相同。
- **两点（2）**：通过指定两点的位置，并以两点间的距离为直径绘制圆。

执行"两点"命令后，命令行提示内容如下图所示。

命令：
命令：_circle
指定圆的圆心或 [三点(3P)/两点(2P)/切点、切点、半径(T)]: _2p 指定圆直径的第一个端点：
指定圆直径的第二个端点：
键入命令

● **三点（3）**：根据指定的三点绘制圆，系统会提示指定第一点、第二点和第三点。

执行"三点"命令后，命令行提示内容如下图所示。

```
命令：_circle
指定圆的圆心或 [三点(3P)/两点(2P)/切点、切点、半径(T)]：_3p 指定圆上的第一个点：
指定圆上的第二个点：
指定圆上的第三个点：
>_ ▾ 键入命令
```

● **相切、相切、半径（T）**：以指定的值为半径，绘制一个与指定两个对象相切的圆。

步骤 01 执行"相切、相切、半径"命令，根据命令行提示指定对象与圆的第一个切点，如下左图所示。

步骤 02 指定对象与圆的第二个切点，如下右图所示。

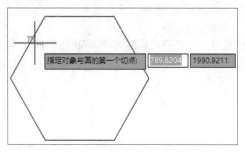
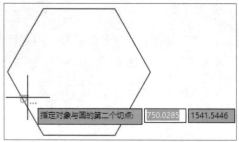

步骤 03 根据命令行提示输入圆的半径值为300，如下左图所示。

步骤 04 按Enter键确定圆的绘制，最终效果如下右图所示。

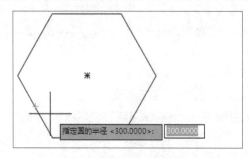
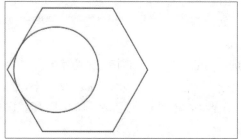

● **相切、相切、相切（A）**：通过依次指定与圆相切的3个对象来绘制圆。

执行"相切、相切、相切"命令，使用光标拾取已知的3个与圆相切的图形对象，即可完成圆的绘制，如下左图所示。命令行提示操作内容，如下右图所示。

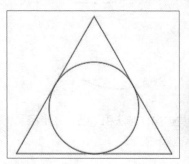
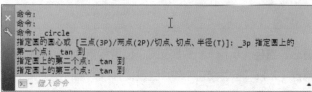

2. 绘制圆弧

圆弧是圆周上任意两点之间的部分，用户可以单击"默认"选项卡下"绘图"面板中的"圆弧"按钮，或者执行"绘图>圆弧"命令，启用"圆弧"命令。AutoCAD提供了11种绘制圆弧的方法，包括

"三点"、"起点、圆心、端点"、"起点、端点、角度"、"圆心、起点、端点"以及"连续"等，其中"三点"为默认模式。

- **三点（P）**：根据指定的3个点来绘制圆弧，第一点为圆弧起点、第二点为圆弧通过点、第三点为圆弧端点。
- **起点、圆心**：根据指定的起点和圆心绘制圆弧。"起点、圆心"模式细分为"起点、圆心、端点（S）"、"起点、圆心、角度（T）"、"起点、圆心、长度（A）"，因此在绘制时还需要指定圆弧的端点、角度或者长度。
- **起点、端点**：根据指定的起点和端点绘制圆弧。该模式细分为"起点、端点、角度（N）"、"起点、端点（D）、方向"、"起点、端点、半径（R）"，因此在绘制时还需要指定圆弧的角度、方向或者半径。
- **圆心、起点**：根据指定的圆心和起点绘制圆弧。该模式细分为"圆心、起点、端点（C）"、"圆心、起点、角度（E）"、"圆心、起点、长度（L）"，因此在绘制时还需要指定圆弧的端点、角度或者长度。
- **连续（O）**：使用该方法绘制的圆弧与最后一个创建的对象相切。

> **提示：圆弧方向**
>
> 绘制圆弧时要注意起点与端点的前后顺序，因为这决定圆弧的朝向。

3. 绘制圆环

圆环是由两个圆心相同、直径不同的圆组成，启用"圆环"命令有以下几种方法。

方法1：执行"绘图>圆环"命令，绘制圆环；

方法2：在命令行输入DONUT/DO命令并按下Enter键，绘制圆环；

方法3：在功能区"默认"选项卡下的"绘图"面板中单击"圆环"按钮◎，绘制圆环。

步骤01 单击功能区"默认"选项卡下"绘图"面板中的"圆环"按钮◎，如下左图所示。

步骤02 根据命令行提示输入圆环内径值，按Enter键确认，如下右图所示。

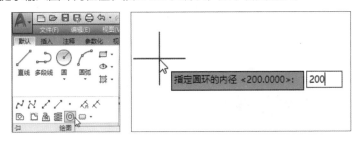

步骤03 根据命令行提示输入圆环外径并按Enter键，如下左图所示。

步骤04 指定圆环的中心点，即可完成圆环的绘制，如下右图所示。

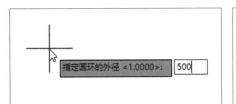 

> **提示：圆环的填充**
>
> 在系统默认状态下，绘制的圆环是实心图形。在绘制圆环之前，用户可以通过FILL命令来控制圆环填充的可见性，在命

令行输入FILL命令，根据命令行提示选择"开（ON）"选项，表示绘制的圆或圆环需要填充，效果如下左图所示；选择"关（OFF）"选项，表示绘制的圆或圆环不要填充，效果如下右图所示。

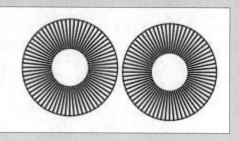

4. 绘制椭圆与椭圆弧

椭圆与椭圆弧的绘制，是工程绘图中经常使用的操作，下面分别进行介绍。

- **绘制椭圆**：椭圆默认的绘制方法，是通过指定圆心、主轴的两个端点以及副轴的半轴长度来创建椭圆。

在菜单栏执行"绘图>椭圆"命令；单击功能区"默认"选项卡下"绘图"面板中的"椭圆"按钮 ⊙ ▾；或者直接在命令行输入ELLIPSE/EL命令并按Enter键，都可以启用"椭圆"命令。

步骤01 执行"椭圆"命令后，命令行提示指定椭圆轴端点或圆弧中心点，如下左图所示。

步骤02 在命令行输入C并按Enter键，输入数值指定椭圆中心点，如下右图所示。

步骤03 根据命令行提示指定轴端点，输入坐标@100,0并按Enter键，如下左图所示。

步骤04 根据命令行提示指定另一半轴长度，输入坐标@0,30并按Enter键，完成椭圆的绘制，效果如下图所示。

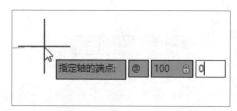
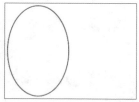

- **绘制椭圆弧**：椭圆弧是椭圆的一部分，在菜单栏执行"绘图>椭圆>椭圆弧"命令或单击功能区"默认"选项卡下"绘图"面板中的"椭圆弧"按钮 ⊙ 椭圆弧，都可以启用"椭圆弧"命令。

步骤01 执行"椭圆弧"命令后，命令行提示指定椭圆轴端点，在命令行输入0, 0后按Enter键，指定轴的另一个端点，输入@200,0，按Enter键，如下左图所示。

步骤02 根据命令行提示输入另一条半轴长度为100，按Enter键，如下右图所示。

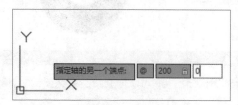
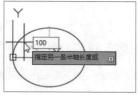

步骤 03 根据命令行提示输入起始角度值为0，按Enter键，如下左图所示。

步骤 04 根据命令行提示输入终止角度值为225，并按下Enter键，完成椭圆弧的绘制，效果如下右图所示。

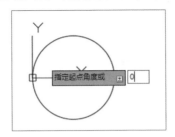 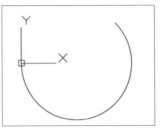

2.1.4 绘制多边形

在使用AutoCAD软件绘图过程中，矩形与多边形的绘制是比较重要，也是比较常用的，下面逐一介绍其绘制方法。

1. 绘制矩形

"矩形"命令在绘图中经常被用到，该命令是通过指定两个角点来定义图形的。用户可以执行"绘图>矩形"命令；单击功能区"默认"选项卡下"绘图"面板中的"矩形"按钮 ，或者直接在命令行输入RECTANG/REC命令并按Enter键，启用"矩形"命令。

步骤 01 在绘图区指定一个点作为矩形的起点，如下左图所示。

步骤 02 再指定第二个点作为矩形的对角点，即可创建一个矩形，如下右图所示。

绘制矩形时，用户可以根据命令行的提示选择不同的选项，例如倒角（C）、标高（E）、圆角（F）、厚度（T）、宽度（W）等，绘制出不同形状的矩形。下左图为一个圆角半径为20、宽度为10的矩形，下右图为命令行提示内容。

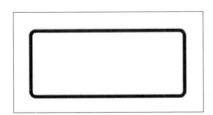 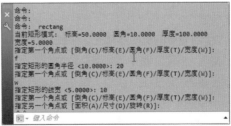

提示：绘制矩形的参数始终起作用

在绘制矩形时，设置的圆角、厚度、宽度等参数会始终起作用，直到更改该参数或重新启动AutoCAD软件。

2. 绘制正多边形

正多边形是多边形的一种，是由各角角度相等以及多条等长的闭合线段组合而成。绘制正多边形时，系统默认为4条边。

　　用户可以执行"绘图>多边形"命令；单击功能区"默认"选项卡下"绘图"面板中"矩形"下三角按钮，在下拉列表中选择"多边形"选项；或者直接在命令行输入POLYGON/POL命令并按Enter键启用"多边形"命令。

步骤 01 执行"绘图>多边形"命令，如下左图所示。

步骤 02 根据命令行提示输入侧面数为6，按Enter键，如下右图所示。

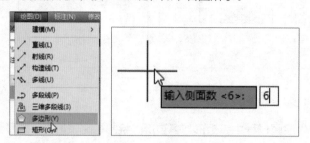

步骤 03 根据命令行提示指定正多边形的中心点，如下左图所示。

步骤 04 根据命令行提示选择"内接与圆"或者"外切与圆"选项，如下右图所示。

步骤 05 根据命令行提示输入圆的半径值为500，按Enter键确认操作，如下左图所示。

步骤 06 完成正多边形的绘制，效果如下右图所示。

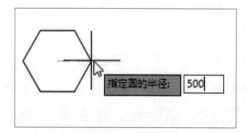
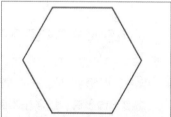

实战练习 绘制简单机械零件图

　　本案例通过绘制简单的机械零件图，来练习使用AutoCAD的基本绘图命令进行图形绘制操作。

步骤 01 执行"文件>新建"命令，新建空白文件，如下左图所示。

步骤 02 将线型设置为CENTER线型，单击"绘图"面板中的"直线"按钮 ✐，绘制中心辅助线，如下右图所示。

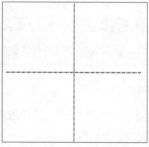

步骤 03 调用"圆"命令，分别以中心线为圆心，绘制半径分别为10、20、35、100的同心圆，效果如下左图所示。

步骤 04 根据命令行提示输入侧面数值并按Enter键，如下右图所示。

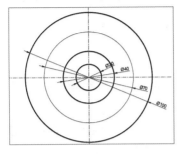 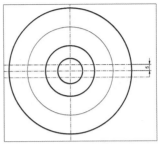

步骤 05 调用"直线"命令，根据偏移的辅助线绘制直线，效果如下左图所示。

步骤 06 单击"修改"面板中的"环形阵列"按钮，根据命令行提示，选择阵列对象，并按Enter键，如下右图所示。

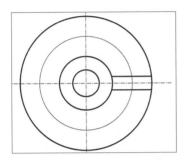 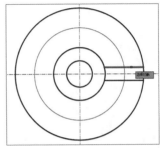

步骤 07 根据命令行提示，选择阵列中心，单击圆心，打开"阵列创建"选项卡，设置"项目数"为3，如下左图所示。

步骤 08 按Enter键阵列完成操作，效果如下右图所示。

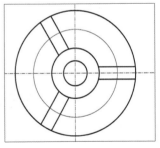

步骤 09 调用"圆"命令，以水平中心线与R35圆的交点为圆心，绘制半径为7.5的圆，如下左图所示。

步骤 10 再次调用"环形阵列"命令，阵列R7.5的圆。至此，零件图绘制完毕，效果如下右图所示。

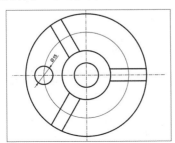 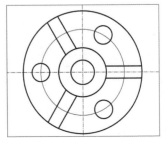

2.2 复杂平面图形绘制

　　AutoCAD除了可以绘制简单的平面图形外，还可以绘制多段线、样条曲线、多线、面域等复杂图形，从而帮助用户绘制更专业、精准的图形。

2.2.1 绘制多段线

　　多段线是由首尾相连的直线段和弧线段组成，用户可以根据需要对不同的线段设置不同的线宽，AutoCAD默认这些对象为一个整体，以方便统一进行编辑。

　　执行"绘图>多段线"命令；单击功能区"默认"选项卡下"绘图"面板中的"多段线"按钮；或者直接在命令行输入PLINE/PL命令，来启用"多段线"命令。

实战练习 绘制多段线雨伞图形

　　下面介绍应用"多段线"命令绘制雨伞图形的操作方法，命令行提示如下图所示。

```
命令:
命令: _pline
指定起点:
当前线宽为 20.0000
指定下一个点或 [圆弧(A)/半宽(H)/长度(L)/放弃(U)/宽度(W)]: w
指定起点宽度 <20.0000>: 0
指定端点宽度 <0.0000>: 500
指定下一个点或 [圆弧(A)/半宽(H)/长度(L)/放弃(U)/宽度(W)]: @300<-90
指定下一点或 [圆弧(A)/闭合(C)/半宽(H)/长度(L)/放弃(U)/宽度(W)]: w
指定起点宽度 <500.0000>: 20
指定端点宽度 <20.0000>: 20
指定下一点或 [圆弧(A)/闭合(C)/半宽(H)/长度(L)/放弃(U)/宽度(W)]: @400<-90
指定下一点或 [圆弧(A)/闭合(C)/半宽(H)/长度(L)/放弃(U)/宽度(W)]: a
指定圆弧的端点(按住 Ctrl 键以切换方向)或
[角度(A)/圆心(CE)/闭合(CL)/方向(D)/半宽(H)/直线(L)/半径(R)/第二个点(S)/放弃(U)/宽度(W)]: @100<180
指定圆弧的端点(按住 Ctrl 键以切换方向)或
[角度(A)/圆心(CE)/闭合(CL)/方向(D)/半宽(H)/直线(L)/半径(R)/第二个点(S)/放弃(U)/宽度(W)]:
```

步骤 01 单击"默认"选项卡下"绘图"面板中的"多段线"按钮，在绘图区指定多段线起点，在命令行输入W指定多段线宽度，按Enter键确认，如下左图所示。

步骤 02 在命令行设置多段线起点宽度为0，按Enter键确认，如下右图所示。

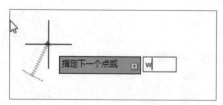

步骤 03 根据命令行提示设置多段线端点宽度为500，按Enter键确认，如下左图所示。

步骤 04 向下移动光标并输入@300<-90，按Enter键确认，如下右图所示。

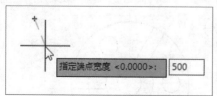

步骤 05 在命令行输入W并按Enter键，在命令行设置多段线起点宽度为20，按Enter键，如下左图所示。

步骤 06 根据命令行提示设置多段线端点宽度为20，按Enter键，如下右图所示。

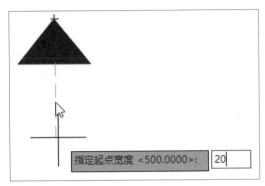 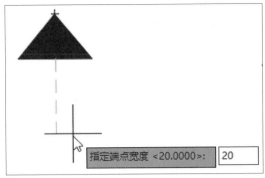

步骤 07 向下移动光标并在命令行输入@400<-90，按Enter键确认，如下左图所示。

步骤 08 在命令行输入命令A，按Enter键，如下右图所示。

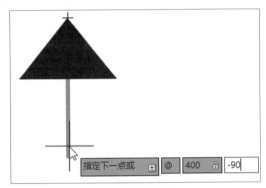 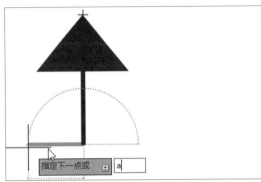

步骤 09 在命令行输入@100<180，按Enter键确认，如下左图所示。

步骤 10 完成多段线雨伞的绘制，效果如下右图所示。

2.2.2 绘制样条曲线

样条曲线是一条光滑的曲线，通常用来表示机械图形中的断面或建筑图中的地形、地貌。用户可以在菜单栏中执行"绘图>样条曲线>拟合点或控制点"命令；单击功能区"默认"选项卡下"绘图"面板中的"样条曲线拟合"按钮☑或"样条曲线控制点"按钮☑；在命令行输入SPLINE/SPL命令，启用"样条曲线"命令。

步骤 01 执行"绘图>样条曲线>拟合点"命令，如下左图所示。

步骤 02 根据命令行提示分别指定第一个点以及下一个点，所有点指定完成后按Enter键完成样条曲线的绘制，如下右图所示。

 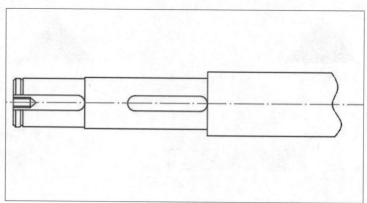

2.2.3 绘制并编辑多线

多线是由多条平行线组成的组合图形对象，一般用于建筑平面墙体的绘制、管道工程设计中管道剖面的绘制等。

1. 创建多线样式

在绘制多线前，要先创建多线样式。系统默认的多线样式为STANDARD，用户可以根据需要创建不同的多线样式。

在菜单栏执行"格式>多线样式"命令，或者在命令行输入MLSTYLE命令，弹出"多线样式"对话框，如右图所示。在对话框中可以新建多线样式并对其进行修改、重命名、加载、删除等操作。

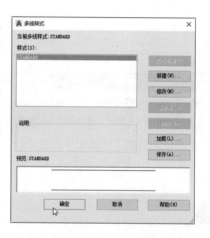

步骤 01 在"多线样式"对话框中单击"新建"按钮，弹出"创建新的多线样式"对话框，输入新样式名为"墙体"，如下左图所示。

步骤 02 单击"继续"按钮，弹出"新建多线样式：窗口线"对话框，在"说明"文本框中输入绘制多线的相关信息，并在"图元"选项区域中单击"添加"按钮，分别设置偏移的数值为185、60、-60、-185，如下右图所示。

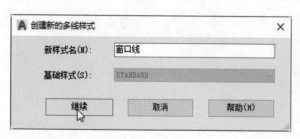 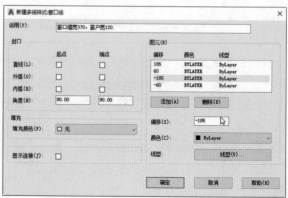

步骤 03 在"封口"选项区域中，勾选"直线"右侧的"起点"与"端点"复选框，如下左图所示。

步骤 04 设置完成后，单击"确定"按钮，返回"多线样式"对话框，此时在"样式"选项框中出现了"窗口线"选项，单击"确定"按钮完成新多线样式的创建，如下右图所示。

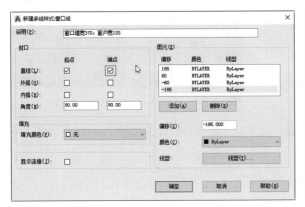

2. 绘制多线

完成多线样式设置后，执行"绘图>多线"命令；或者在命令行输入MLINE/ML命令，都可以执行"多线"命令，命令行提示如下左图所示。在绘图区单击一点，再指定另一点，即可绘制一定长度的窗口线，效果如下右图所示。

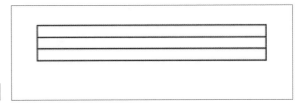

命令行中各项含义介绍如下。

- **对正（J）**：控制多线的对正类型，包括"上"、"无"和"下"3种类型。
- **比例（S）**：控制多线的全局宽度，设置平行线宽的比例值。
- **样式（ST）**：用于在多线样式库中选择当前所需的多线样式。

3. 编辑多线

绘制多线后，用户可以根据需要对其进行编辑。在菜单栏执行"修改>对象>多线"命令；直接双击要编辑的多线对象；或在命令行输入MLEDIT命令，打开"多线编辑工具"对话框，然后根据需要进行设置，如右图所示。

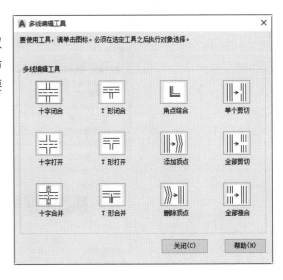

2.2.4 创建面域

面域是具有一定边界的二维闭合区域，是一个面对象，内部可以包含孔特征。

执行"面域"命令的方法有以下几种：

方法1：在菜单栏中执行"绘图>面域"命令；

方法2：单击功能区"默认"选项卡下"绘图"面板中的"面域"按钮⬜；

方法3：在命令行输入REGION/REG命令，命令行提示如右图所示。

```
命令：
命令： region
选择对象：指定对角点：找到 15 个
选择对象：
已提取 1 个环。
已创建 1 个面域。
```

```
键入命令
```

根据命令行提示，选择要创建面域的对象，如下左图所示。完成选择后按Enter键，即可完成面域的创建，如下右图所示。

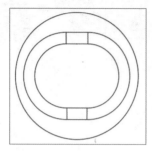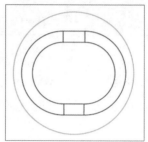

2.3 精确绘制图形

为了快速准确地绘制图形，AutoCAD 2017提供了多种绘图辅助工具，如对象捕捉、对象追踪、对象约束以及正交等。利用这些辅助工具绘图不仅可以提高绘图质量，还可以提高绘图效率。

2.3.1 对象捕捉

对象捕捉的实质是对图形对象特征点的捕捉，如圆心、中点、端点、切点以及两个对象的交点等。

在菜单栏执行"工具>绘图设置"命令；在命令行输入DDOSNAP；或者按F3功能键，都可以打开"草图设置"对话框，切换至"对象捕捉"选项卡，在"对象捕捉模式"选项区域中勾选所需复选框，即可启用相应的捕捉功能，如下图所示。

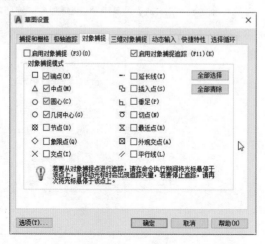

提示：快捷菜单启动对象捕捉

单击状态栏"对象捕捉"右侧的下拉按钮□·，在下拉列表中，用户根据需要勾选相关特征点选项，即可启用相应的捕捉功能。

2.3.2 对象追踪

对象追踪是AutoCAD中一个非常便捷的绘图功能，用于按照指定角度或与其他对象的指定关系绘制对象。对象追踪分为极轴追踪和对象捕捉追踪。

1. 极轴追踪

"极轴追踪"功能实际上是极坐标的应用，该功能可以使光标沿着指定角度移动，从而找到指定点。

在菜单栏执行"工具>绘图设置"命令，或在命令行输入DDOSNAP命令并按Enter键，都可以打开"草图设置"对话框，切换至"极轴追踪"选项卡，勾选"启用极轴追踪"复选框，并单击"确定"按钮，启用"极轴追踪"功能，如下左图所示。

按F10功能键可以切换极轴追踪功能的开或关状态。

在"草图设置"对话框的"极轴追踪"选项卡下，各选项含义如下。

- **"启用极轴追踪"复选框**：勾选该复选项，即可启动极轴追踪功能。
- **"极轴角设置"选项区域**：用于设置极轴角的值，包括增量角和附加角。
- **"对象捕捉追踪设置"选项区域**：用于设置对象的追踪模式。选择"仅正交追踪"单选按钮时，仅追踪沿X、Y方向相互垂直的直线；选择"用所有极轴角设置追踪"单选按钮时，将根据极轴角的设置进行追踪。
- **"极轴角测量"选项区域**：定义极轴角的测量方式。"绝对"单选按钮表示以当前坐标系为基准计算极轴角；"相对上一段"单选按钮时，以最后创建的线段为基准计算极轴角。

2. 对象捕捉追踪

使用"对象捕捉追踪"功能，可以进行自动追踪的辅助绘图，使光标从对象捕捉点开始，沿着对齐路径进行追踪，并找到需要的精确位置。对齐路径分别指和对象捕捉点水平对齐、垂直对齐或者按设置的极轴追踪角对齐。

在菜单栏执行"工具>绘图设置"命令，打开"草图设置"对话框，切换至"对象捕捉"选项卡，勾选"启用对象捕捉追踪"复选框并单击"确定"按钮，即可启用"对象捕捉追踪"功能，如下右图所示。

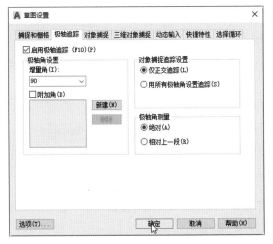 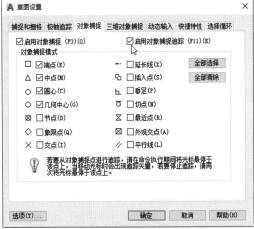

提示：快速打开或关闭对象捕捉追踪
方法1：按F11功能键，切换"对象捕捉追踪"的开或关。
方法2：单击状态栏上的"显示捕捉参照线"按钮，切换"对象捕捉追踪"的开或关。

2.3.3 正交模式应用

在绘制机械或建筑图纸时，大部分线是垂直或水平的，针对这种情况在AutoCAD中有一个正交开关，打开可以方便绘制水平直线和垂直直线。打开或关闭正交模式的方法如下。

方法1：在命令行输入ORTHO命令并按Enter键；

方法2：单击状态栏上的"正交"按钮；

方法3：直接按F8功能键。

启用"正交"模式后，因为只能绘制水平或垂直的直线，限制了直线的方向，所以在绘制时，只需要输入直线的长度即可。

2.3.4 对象约束

约束能够精准地控制草图中的对象，对选中的对象进行尺寸和位置的限制。对象约束分为几何约束和尺寸约束两种，下面将分别进行介绍。

1. 几何约束

几何约束主要用于限制二维图形或对象上点的位置。利用几何约束工具可以指定草图对象必须遵守的条件，或草图对象之间必须维持的关系。

在菜单栏执行"参数>几何约束"命令，或单击功能区"参数化"选项卡下"几何约束"按钮，都可以启用"几何约束"命令，如下左图所示。

下面对"几何约束"子菜单中的相关命令进行说明。

- **重合**：约束对象上的一个点与已存在的点重合。
- **垂直**：约束两条直线或多段线线段，使其夹角始终保持90°。
- **平行**：约束两条直线，使其保持相互平行。
- **相切**：约束两条曲线，使其相切或延长线彼此相切。
- **水平**：约束一条直线或点，使其与当前的UCS坐标系的X轴平行。
- **竖直**：约束一条直线或点，使其与当前的UCS坐标系的Y轴平行。
- **共线**：约束两条直线，使其位于同一无限延长的线上。
- **同心**：约束选定的圆、圆弧、椭圆的圆心保持在同一个中心点上。
- **平滑**：约束一条样条曲线，使其与其他样条曲线、直线、圆弧或多段线之间彼此相连，并保持连续性。
- **对称**：约束两条曲线或点，使其与选定直线为对称轴彼此对称。
- **相等**：约束两条直线或多段线线段，使其具有相同的长度，或约束圆弧或圆具有相同的半径值。
- **固定**：约束一个点或曲线，使其固定在相对于世界坐标系指定的位置和方向。

2. 尺寸约束

尺寸约束可以限制图形几何对象的大小。尺寸约束与尺寸标注相似，都可以设置尺寸标注线，建立相应的表达式，但是尺寸约束可以在后续的编辑工作中实现尺寸的参数化驱动。

在菜单栏中执行"参数>标注约束"命令，或单击功能区"参数化"选项卡下"标注"面板中对应的按钮，都可以启用尺寸约束命令，如下右图所示。

下面对尺寸约束的主要类型进行介绍，具体如下。

● **线性约束**：用于约束两点之间水平或竖直距离，下面介绍操作方法。

步骤 01 单击功能区"参数化"选项卡下"标注"面板中"线性"按钮，如下左图所示。

步骤 02 根据命令行提示指定第一个约束点，如下右图所示。

 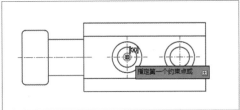

步骤 03 根据命令行提示指定第二个约束点，如下左图所示。

步骤 04 指定尺寸线位置，系统自动测出当前的值，此时尺寸为可编辑状态，单击空白处，系统自动对选择的对象进行锁定，完成线性约束，如下右图所示。

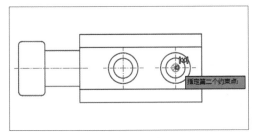 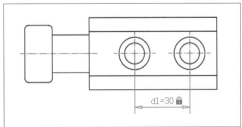

● **对齐约束**：约束两点、点与直线、直线与直线间的距离。

● **水平约束**：约束对象的点或者不同对象上两个点之间X轴方向的距离。

● **竖直约束**：约束对象的点或者不同对象上两个点之间Y轴方向的距离。

● **直径、半径、角度约束**：直径和半径约束分别用于约束圆或圆弧的直径或半径值，如下图所示。角度约束用于约束直线间的角、圆弧的圆心角或由3个点构成的角度。

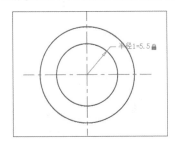 

● **转换约束：**将现有的标注转换为约束标注，如下图所示。

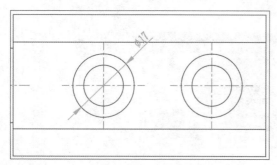 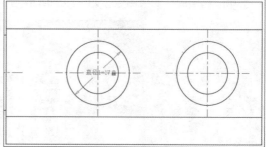

2.4　编辑平面图形

使用AutoCAD绘图时，单纯地使用绘图命令或绘图工具很难准确地绘制出复杂的图形，必须借助图形编辑功能才能达到理想的效果。AutoCAD提供了许多实用有效的编辑功能，用户可以通过编辑功能实现对图形对象的移动、复制、镜像、偏移、阵列、修剪、拉伸等操作，从而方便地绘制出各种复杂的图形，不但提高了绘图效率，还能保证绘图的准确性。

2.4.1　选择图形

在进行编辑操作之前首先要选取图形对象，选择图形对象的过程就是建立选择集的过程。选择集可以包含单个对象，也可以包含多个复杂的对象。下面详细介绍选择对象的方法。

1. 点选对象

点选对象是我们平时比较常用的一种选择方法，一般用于选择单个图形对象，将光标移动到需要选择的对象上方，单击即可完成选择操作，如下左图所示。被选中的对象以虚线显示，如下右图所示。

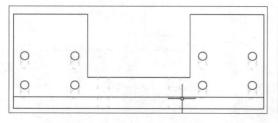 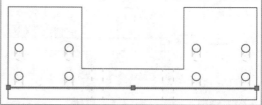

2. 窗口选择

窗口选择是通过定义矩形窗口大小进行选择对象的方法。利用矩形框选对象时，首先在图形对象左上方单击，从左往右拉出矩形窗口，如下左图所示。松开鼠标左键，完成窗口选择，如下右图所示。只有全部位于矩形中的对象才会被选中。

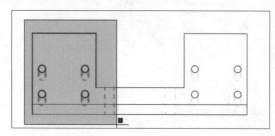 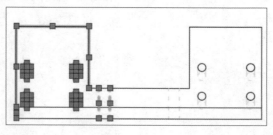

3. 交叉窗口选择

交叉窗口选择与窗口选择方式相反，利用交叉窗口选择对象时，首先在图形对象右下方单击，从右往左拉出矩形窗口，如下左图所示。松开鼠标左键，完成交叉窗口选择，效果如下右图所示。无论是全部还是部分位于矩形窗口中的对象都会被选中。

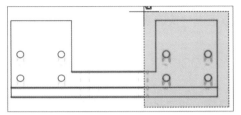 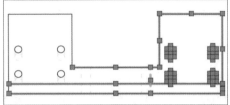

> **提示：窗口选择与交叉窗口选择的选择线**
>
> 窗口选择拉出的选择窗口为实线框，窗口颜色为蓝色；交叉窗口选择拉出的选择窗口为虚线框，窗口颜色为绿色。

4. 不规则窗口选择

不规则窗口选择方式是通过创建不规则多边形来选择图形对象，不规则窗口选择分为圈围和圈交两种方式。

- **圈围**：使用圈围方式选择图形，首先在工具栏单击"移动"按钮 ✛，然后在命令行输入WP并按下Enter键，根据命令行提示依次在要选择对象的周围单击，如下左图所示。确定选择范围后按Enter键，闭合多边形，完成对图形对象的选择，如下右图所示。

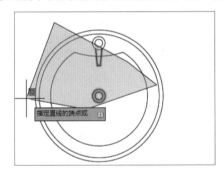 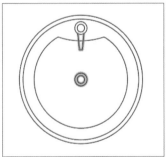

- **圈交**：圈交方式可以选择包含在内或相交的对象。使用圈交方式选择图形，首先在工具栏单击"移动"按钮 ✛，然后在命令行输入CP并按下Enter键，将光标移动到要选择的图形对象上，依次单击并确定选择范围，如下左图所示。按Enter键确定选择即可，效果如下右图所示。

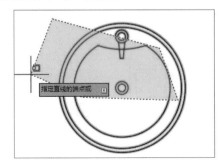 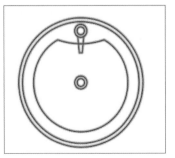

5. 栏选

栏选是通过绘制一条不闭合的栏选线进行对象选择，该线穿过的所有对象均被选中。要使用栏选方式选择图形，则首先在工具栏单击"移动"按钮，然后在命令行输入F并按下Enter键，将光标移动到要选择的图形对象上，单击并拖出任意折线，使其穿过选择对象，如下左图所示。按下Enter键，即可完成对象选取操作，效果如下中图所示。

6. 快速选择

当需要大量选择特性相同的图形对象时，用户可以通过"快速选择"对话框设置需要选择对象的特性、类型，进行快速选择。

在菜单栏执行"工具>快速选择"命令或在命令行输入QSELECT命令并按Enter键，即可弹出"快速选择"对话框，如下右图所示。

用户可以根据需要设置对象的特性后单击"确定"按钮，快速选择满足条件的所有图形对象。

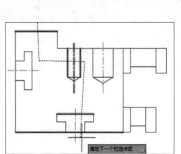 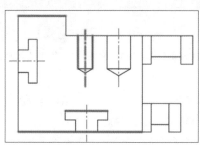 

2.4.2 复制图形

当需要绘制许多相同的图形时，通过执行"复制"、"偏移"、"镜像"以及"阵列"命令，可以快速创建多个相同的对象，达到事半功倍的效果。

1. "复制"命令

执行"复制"命令，可以将指定对象复制到所需的位置，原图形也同样存在。执行"复制"命令的操作方法有以下几种。

方法1：在菜单栏执行"修改>复制"命令。

方法2：单击功能区"默认"选项卡下"修改"面板中的"复制"按钮。

方法3：在命令行输入COPY/CO命令，按下Enter键。

下面介绍复制图形的操作方法，具体步骤如下。

步骤 01 执行"复制"命令后，根据命令行提示选择要复制的对象，如下左图所示。

步骤 02 在绘图区中指定复制基点，如下右图所示。

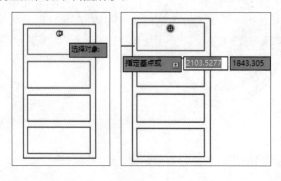

步骤03 光标竖直向下，并输入距离值，按Enter键，如下左图所示。

步骤04 依次输入另外两个距离值，按Enter键完成复制操作，效果如下右图所示。

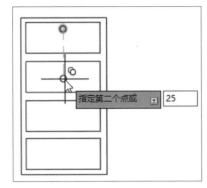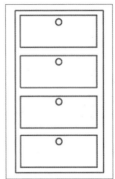

2. "镜像"命令

"镜像"命令针创建对称的对象时非常有用，该命令是将指定的对象按照指定镜像线进行对称。常用的执行"镜像"命令的操作方法有以下几种。

方法1：在菜单栏执行"修改>镜像"命令。

方法2：单击功能区"默认"选项卡下"修改"面板中的"镜像"按钮⚐。

方法3：在命令行输入MIRROR/MI命令，按下Enter键。

下面介绍镜像图形的操作方法，具体如下。

步骤01 执行"镜像"命令后，根据命令行提示选择要镜像的对象，如下左图所示。

步骤02 在绘图区中分别指定镜像线的第一点和第二点，完成镜像操作，效果如下右图所示。

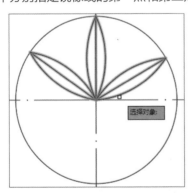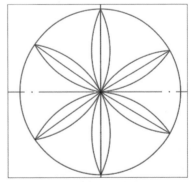

提示：镜像文字

如果镜像对象是文字，用户可以通过系统变量MIRRTEXT来控制镜像的方向。当MIRRTEXT的值为1，则镜像后的文字翻转180°，文字的方向镜像；当MIRRTEXT的值为0，则镜像出来的文字不颠倒，即文字的方向不镜像。

---

3. "偏移"命令

"偏移"命令是采用复制的方法生成等距离的图形，偏移的对象包括直线、圆、圆弧、椭圆、椭圆弧、二维多段线、构造线等。常用的执行"偏移"命令的操作方法有以下几种。

方法1：在菜单栏执行"修改>偏移"命令；

方法2：单击功能区"默认"选项卡的"修改"面板中的"偏移"按钮⚐；

方法3：在命令行输入OFFSET/O命令，然后按下Enter键。

下面介绍偏移图形的操作方法，具体如下。

步骤 01 执行"偏移"命令后，根据命令行提示指定偏移距离，如下左图所示。

步骤 02 选择偏移对象，如下右图所示。

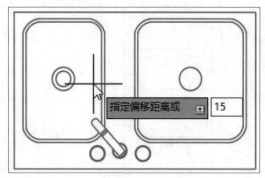 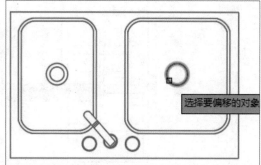

步骤 03 指定偏移方向，如下左图所示。

步骤 04 指定好偏移方向后，单击鼠标左键，完成偏移操作，效果如下右图所示。

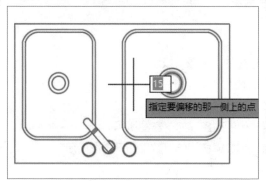 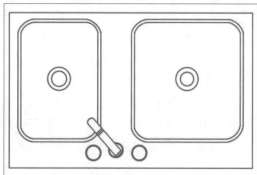

4. "阵列"命令

"阵列"命令是按照一定的规律进行图形复制操作，可以一次复制多个图形副本。AutoCAD提供了矩形阵列、环形阵列和路径阵列3种阵列方式。

● **矩形阵列**：矩形阵列是通过设置行数、列数、行偏移和列偏移来复制选中的对象，执行"矩形阵列"命令的操作方法有以下几种。

方法1：在菜单栏执行"修改>阵列>矩形阵列"命令；

方法2：单击功能区"默认"选项卡下"修改"面板中的"阵列"下拉按钮，在下拉列表中选择"矩形阵列"选项；

方法3：在命令行输入ARRAYRECT命令后，选择"矩形阵列"选项。

下面介绍对图形执行矩形阵列的操作方法，具体步骤如下。

步骤 01 执行"矩形阵列"命令后，根据命令行提示选择要矩形阵列的对象，如右图所示。

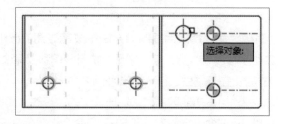

步骤 02 自动切换至"阵列创建"选项卡，根据实际需要设置相应的参数，如下图所示。

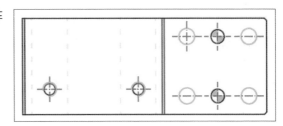

步骤 03 设置好相关数据后，系统将自动完成矩形阵列操作，效果如右图所示。

- **环形阵列：** 环形阵列是围绕某个中心点或者旋转轴平均分布对象副本。常用的执行"环形阵列"命令的操作方法有以下几种。

方法1：在菜单栏执行"修改>阵列>环形阵列"命令；

方法2：单击功能区"默认"选项卡下"修改"面板中的"阵列"下拉按钮，在下拉列表中选择"环形阵列"选项；

方法3：在命令行输入AR命令后，选择"环形阵列"选项。

下面介绍对图形执行环形阵列的操作方法，具体步骤如下。

步骤 01 执行"环形阵列"命令后，根据命令行提示选择要环形阵列的对象，如下图所示。

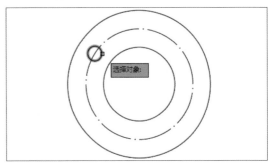

步骤 02 自动切换至"阵列创建"选项卡，根据实际需要设置相应的参数，如下图所示。

步骤 03 设置好相关数据后，系统将自动完成环形阵列操作，效果如右图所示。

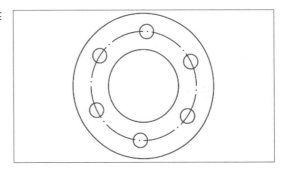

● **路径阵列**：是根据指定的路径进行图形阵列操作，例如曲线、弧线、折线等开放性线段。常用的执行"路径阵列"命令的操作方法有以下几种。

方法1：菜单栏执行"修改>阵列>路径阵列"命令；

方法2：单击功能区"默认"选项卡下"修改"面板中的"阵列"下拉按钮，在下拉列表中选择"路径阵列"选项；

方法3：在命令行输入ARRAYPOLAR命令，选择"环形阵列"选项。

下面介绍对图形执行路径阵列的操作方法，具体步骤如下。

步骤 01 执行"路径阵列"命令后，根据命令行提示选择要阵列的对象，如下图所示。

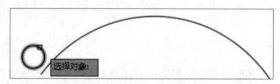

步骤 02 系统将自动切换至"阵列创建"选项卡，根据实际需要设置相应的参数，如下图所示。

步骤 03 设置好相关数据后，系统将自动完成路径阵列操作，效果如右图所示。

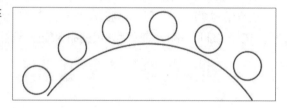

2.4.3　移动图形

在AutoCAD中，移动图形包括由一个位置到另一个位置的平行移动，或围绕某点进行旋转移动，本节将介绍具体操作方法。

1. "移动"命令

对图形执行"移动"命令，只是对所选对象的位置进行平移，不改变图形的大小和方向。常用的执行"移动"命令的操作方法有以下几种。

方法1：在菜单栏执行"修改>移动"命令；

方法2：单击功能区"默认"选项卡下"修改"面板中的"移动"按钮；

方法3：在命令行输入MOVE/MO命令后，按Enter键执行"移动"命令，具体操作方法如下。

步骤 01 执行"移动"命令后，根据命令行提示选择要移动的对象，如下左图所示。

步骤 02 根据命令行提示分别指定移动基点移动光标到新位置点，完成图形的移动操作，效果如下右图所示。

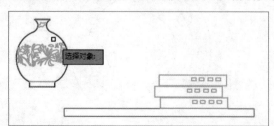 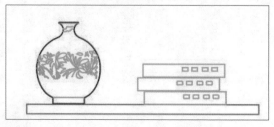

2. "旋转"命令

"旋转"命令用于将选中的对象复制后，围绕基点旋转一定的角度，常用的执行"旋转"命令的操作方法有以下几种。

方法1：在菜单栏执行"修改>旋转"命令；

方法2：单击功能区"默认"选项卡下"修改"面板中的"旋转"按钮 ⊙；

方法3：在命令行输入ROTATE/RO命令后按下Enter键，执行"旋转"命令，具体操作如下。

步骤01 执行"旋转"命令后，根据命令行提示选择要旋转的对象，如下左图所示。

步骤02 根据命令行提示分别指定旋转基点，移动光标输入旋转角度，完成旋转操作，如下右图所示。

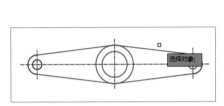 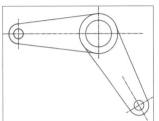

2.4.4 变形图形

图形的变形命令包括"缩放"和"拉伸"两种，可以对现有的图形对象执行变形操作，从而改变图形的尺寸或形状。

1. "缩放"命令

"缩放"命令用于将选择的对象按照一定比例因子进行放大或缩小操作。常用的执行"缩放"命令的操作方法有以下几种。

方法1：在菜单栏执行"修改>缩放"命令；

方法2：单击功能区"默认"选项卡下"修改"面板中的"缩放"按钮 ▣；

方法3：在命令行输入SCALE/SC命令并按Enter键，执行"缩放"命令，具体操作如下。

步骤01 执行"缩放"命令后，根据命令行提示选择缩放对象，如下左图所示。

步骤02 根据命令行提示分别指定缩放基点，并设置缩放因子，完成缩放操作，效果如下右图所示。

2. "拉伸"命令

使用"拉伸"命令，可以拉伸和压缩图形对象，常用的执行"拉伸"命令的操作方法有以下几种。

方法1：在菜单栏执行"修改>拉伸"命令；

方法2：单击功能区"默认"选项卡下"修改"面板中的"拉伸"按钮 ▣；

方法3：在命令行输入STRETCH/S命令并按Enter键，执行"拉伸"命令，具体操作如下。

步骤01 打开素材文件"拉伸.dwg"，如下左图所示。

步骤 02 调用"拉伸"命令后，选中素材中吊耳图形对象，以中点为基点，开启正交模式，将光标移至上方，输入数值15，按Enter键确认操作，完成拉伸的效果如下右图所示。

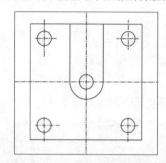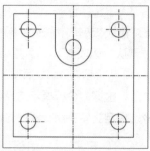

提示：关于拉伸图形

拉伸图形文件需要遵循以下原则。

● 通过点选和窗口选择获得的拉伸对象，只能平移，不能被拉伸。

● 通过交叉选择获得的拉伸对象，如果所有夹点都被选中的图形，将发生平移；如果只有部分夹点被选中的图形，将沿拉伸位移拉伸；如果没有夹点被选中的图形，将保持不变。

2.4.5 修整图形

前面介绍的图形编辑功能主要是针对对象的整体进行修改，本节我们将介绍几种针对单个对象局部细节进行修改的命令，包括修剪、延伸和打断等。

1."修剪"命令

"修剪"命令是以某一线段作为边界，对超出边界的线段进行修剪。常用的执行"修剪"命令的操作方法有以下几种。

方法1：在菜单栏执行"修改>修剪"命令；

方法2：单击功能区"默认"选项卡下"修改"面板中的"修剪"按钮⊹；

方法3：在命令行输入TRIM/TR命令并按下Enter键，执行"修剪"命令，具体操作如下。

步骤 01 执行"修剪"命令后，根据命令行提示选择对象，如下左图所示。

步骤 02 依次将光标移动到要修剪的对象上方并单击，完成图形修剪操作，效果如下右图所示。

2."延伸"命令

"延伸"命令是以某些图形为边界，将线段延伸到图形边界处，常用的执行"延伸"命令的操作方法有以下几种。

方法1：在菜单栏执行"修改>延伸"命令；

方法2：单击功能区"默认"选项卡下"修改"面板中的"延伸"按钮⊣；

方法3：在命令行输入EXTEND/EX命令并按下Enter键，执行"延伸"命令，具体操作如下。

步骤01 执行"延伸"命令后,根据命令行提示选择对象,如下左图所示。

步骤02 依次将光标移动到要延伸的对象上方并单击,完成图形的延伸操作,效果如下右图所示。

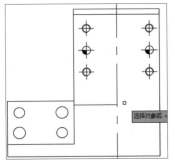 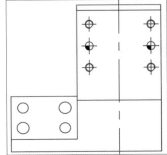

3. "打断"命令

"打断"命令是将对象分解成两部分或删除部分对象,打断的对象包括直线、圆弧、圆、椭圆、参照线等。常用的执行"拉伸"命令的操作方法有以下几种。

方法1:在菜单栏执行"修改>打断"命令;

方法2:单击功能区"默认"选项卡下"修改"面板中的"打断"按钮;

方法3:在命令行输入BREAK/BR命令并按Enter键,执行"打断"命令,具体操作如下。

步骤01 执行"打断"命令后,根据命令行提示选择对象,如下左图所示。

步骤02 根据命令行提示选择第二个打断点并单击,完成图形的打断操作,效果如下右图所示。

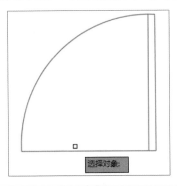 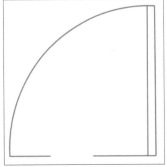

提示:第一打断点的确定

默认情况下,执行"打断"命令后,选择对象时单击的位置为第一打断点。

2.4.6 倒角与圆角

对图形执行倒角与圆角操作,在绘制机械图纸时比较常用。在二维平面上,倒角与圆角分别用直线和圆弧过渡表示。

1. 倒角

"倒角"命令是以直线或角度的方式对图形进行倒角,倒角距离是所要执行倒角的直线与倒角线之间的距离。常用的执行"倒角"命令的操作方法有以下几种。

方法1:在菜单栏执行"修改>倒角"命令;

方法2:单击功能区"默认"选项卡下"修改"面板中的"倒角"按钮;

方法3:在命令行输入CHAMFER/CHA命令并按Enter键,执行"倒角"命令,具体操作如下。

步骤 01 执行"倒角"命令，在命令行输入A并按Enter键，根据命令行提示指定第一条直线的倒角长度并按下Enter键，如下左图所示。

步骤 02 根据命令行提示指定第一条直线的倒角角度并按下Enter键，如下右图所示。

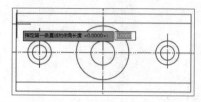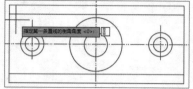

步骤 03 根据命令行提示选择第一条直线并按下Enter键，如下左图所示。

步骤 04 根据命令行提示选择第二条直线并按下Enter键，完成倒角操作，效果如下右图所示。

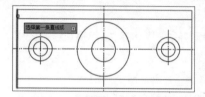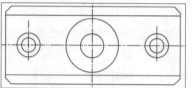

提示：在命令行输入距离值来执行倒角操作

执行"倒角"命令后，在命令行输入D并按Enter键，根据命令行提示分别指定第一个和第二个倒角距离并按Enter键，然后分别选择第一条和第二条线段，即可完成倒角操作。

2. 圆角

"圆角"命令与"倒角"命令相似，不同点在于"圆角"命令是利用圆弧进行过渡。常用的执行"圆角"命令的操作方法有以下几种。

方法1：在菜单栏执行"修改>圆角"命令；

方法2：单击功能区"默认"选项卡下"修改"面板中的"圆角"按钮 ；

方法3：在命令行输入FILLET/F命令并按下Enter键，执行"圆角"命令，具体操作如下。

步骤 01 执行"圆角"命令后，在命令行输入R并按Enter键，根据命令行输入指定圆角半径值，如下左图所示。

步骤 02 根据命令行提示分别选择第一个对象和第二个对象，按下Enter键完成圆角操作，效果如下右图所示。

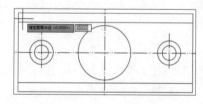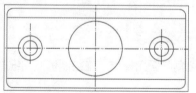

2.4.7 夹点编辑

夹点是对象上的一些特征点，包括顶点、端点、中点、中心点等。利用夹点可以方便地对图形对象执行拉伸、旋转、缩放、移动、复制以及镜像等编辑操作。

1. 夹点设置

选择要编辑的图形对象后，出现的小方格称为对象的特征点，也就是夹点，如下左图所示。夹点分为两种：一种是蓝色的小方格，表示夹点为未激活状态，被称为冷态；另一种是红色的小方格，表示夹点为激活状态，被称为热态。

在菜单栏执行"工具>选项"命令，弹出"选项"对话框，切换至"选项集"选项卡，用户可以对夹点的颜色、大小等参数进行设置，如下右图所示。

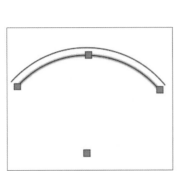 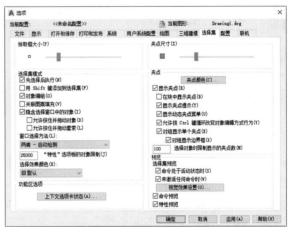

提示：激活多个热夹点

在激活热夹点时按住Shift键，可以激活多个热夹点。

---

2. 使用夹点编辑图形对象

使用夹点可以对图形对象进行编辑操作，具体介绍如下。

● **利用夹点拉伸对象：** 在不调用任何命令的情况下选中图形对象，显示若干夹点，单击其中一个夹点作为编辑操作的基点，进入编辑状态。

步骤 01 选择对象后，指定基点，根据命令行提示指定拉伸点，如下左图所示。

步骤 02 移动光标到需要的位置，即可将图形对象拉伸到新位置，效果如下右图所示。

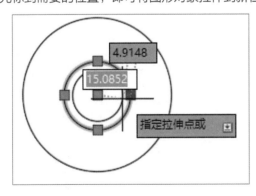 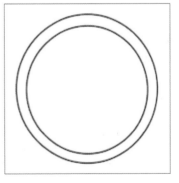

● **利用夹点旋转对象：** 选取对象并指定基点后，在命令行输入RO命令进入旋转模式。用户可以通过移动光标，旋转对象到新位置后单击；或者直接输入旋转角度值来确定旋转角度，旋转对象将围绕基点按照指定角度进行旋转。

● **利用夹点移动对象：** 选取对象并指定基点后，在命令行输入MO命令进入移动模式。直接输入点的坐标或通过拖动鼠标到新位置后单击，即可将对象移动到新位置。

● **利用夹点缩放对象：** 选取对象并指定基点后，在命令行输入SC命令进入缩放模式。在命令行输入缩放比例值，按Enter键完成缩放。

2.4.8 图案填充

在工程制图中，图案填充功能主要用于标示各种不同的工程材料，例如，在机械零件的剖面图上，为了分清零件的实心部分和空心部分，国标规定被剖切的部分应填充图案。图案填充是一种使用图形图案对指定的图形区域进行填充的操作，用户可以根据需要选择图案进行填充，也可以使用渐变色进行填充，并且可以对填充好的图案进行编辑操作。

1. 创建图案填充

在AutoCAD中，执行"图案填充"命令的操作方法有以下几种。

方法1：在菜单栏执行"绘图>图案填充"命令；

方法2：单击功能区"默认"选项卡下"绘图"面板中的"图案填充"按钮⊞；

方法3：在命令行输入BHATCH/BH命令并按下Enter键，执行"图案填充"操作。

在打开的"图案填充创建"选项卡下，用户可以根据需要选择填充的图案、颜色以及其他选项设置，如下图所示。

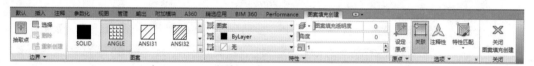

"图案填充创建"选项卡中常用面板的含义介绍如下。

● **"边界"面板**：用来设置拾取点和填充区域的边界。
● **"图案"面板**：用来指定图案填充的类型和图案。
● **"特性"面板**：用来设置图案填充的方式、颜色、透明度、角度以及填充比例值。
● **"原点"面板**：单击"设定原点"按纽，用户在移动填充图形时，方便与指定原点对齐。
● **"选项"面板**：用来设置是否自动更新图案、自动调整填充比例值以及填充图案属性等。
● **"关闭"面板**：退出"图案填充创建"选项卡。

步骤 01 打开需要进行图案填充的图形文件，如下左图所示。

步骤 02 执行"绘图>图案填充"命令，在命令行输入T，并按Enter键，弹出"图案填充和渐变色"对话框，如下右图所示。

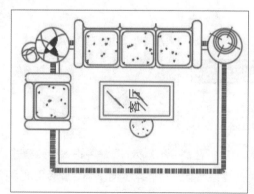

步骤 03 在"图案填充"选项卡下单击"图案"按纽。在弹出的"图案填充选项板"对话框中的"其他预定义"选项卡下选择CROSS图案，并单击"确定"按钮，如下左图所示。

步骤 04 单击"颜色"下拉按钮，打开"选择颜色"对话框，在"索引颜色"选项卡下选择索引颜色151，并单击"确定"按钮，如下右图所示。

 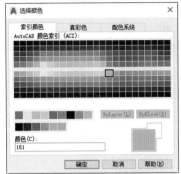

步骤 05 将比例设置为10，然后单击"确定"按钮，根据命令行提示拾取内部点，如下左图所示。

步骤 06 选中需要填充的区域，完成图案填充操作，效果如下右图所示。

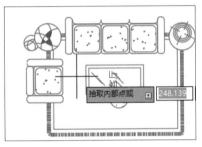 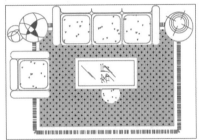

2. 编辑图案填充

在对图形进行图案填充后，如果用户对填充的效果不满意，可以通过图案填充编辑命令对其进行编辑，其中包括设置填充比例、图案、颜色等。

执行"修改>对象>图案填充"命令；在绘图区双击图案填充对象进行修改；或在命令行输入HATCHEDIT命令并按Enter键，打开"图案填充编辑"对话框，然后根据需要对图案进行编辑操作，如右图所示。

3. 控制图案填充的可见性

图案填充的可见性是可以控制的，一般情况下用户可以通过两种方法控制图案填充的可见性：一种是通过FILL命令或者FILLMODE命令来实现；另一种是通过图层来实现。

- **使用FILL命令控制图案填充可见性**：在命令行输入FILL命令，根据命令行提示设置输入模式为"开"，则显示图案填充；设置输入模式为"关"，则不显示图案填充。

提示：使用FILL命令需要重生成图形

在使用FILL命令设置模式后，需要执行"视图>重生成"命令，重生成图形观察效果。

- **使用图层控制图案填充可见性**：使用图层控制图案填充可见性时，需要将图案填充单独放在一个图层里，当需要图案填充不可见时关闭或冻结该图层即可。另外，不同的控制方式会使图案填充与其边界的关联关系发生变化。

a）当图案填充所在的图层被冻结，图案与其边界脱离关联关系，修改边界后，填充图案不会根据新的边界自动调整位置。

b）当图案填充所在的图层被关闭，图案与其边界仍保持着关联关系，修改边界后，填充图案会根据新的边界自动调整位置。

c）当图案填充所在的图层被锁定，图案与其边界脱离关联关系，修改边界后，填充图案不会根据新的边界自动调整位置。

实战练习 绘制厨房煤气灶

下面通过介绍厨房煤气灶图形的绘制操作，使用户熟练掌握基本二维绘图命令的使用方法。

步骤 01 执行"文件>新建"命令，新建空白文件，如下左图所示。

步骤 02 调用"矩形"命令，绘制一个长840、宽480的矩形，如下右图所示。

 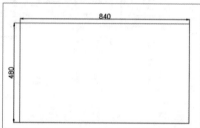

步骤 03 命令行输入X并按Enter键，分解矩形，如下左图所示。

步骤 04 单击"修改"面板中的"偏移"按钮，对矩形执行偏移操作，效果如下右图所示。

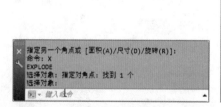 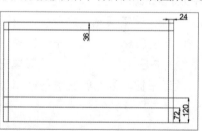

步骤 05 调用"修剪"命令，修剪图形，如下左图所示。

步骤 06 单击"修改"面板中的"圆角"按钮，为图形倒圆角，如下右图所示。

步骤 07 将线型设置为CENTER，单击"绘图"面板中的"直线"按钮，绘制中心辅助线，如下左图所示。

步骤 08 单击"修改"面板中的"偏移"按钮，将竖直中心线向右偏移240，如下右图所示。

 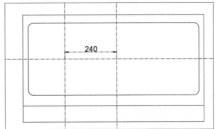

步骤 09 调用"圆"命令，绘制半径不等的圆，如下左图所示。

步骤 10 调用"偏移"命令，将竖直中心线向左、向右分别偏移6，将横向辅助线向上偏移145，效果如下右图所示。

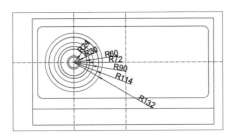 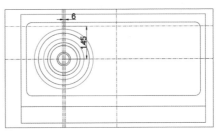

步骤 11 调用"直线"命令，结合辅助线绘制矩形，并删除多余辅助线，如下左图所示。

步骤 12 单击"修改"面板中的"环形阵列"按钮，选中矩形，以圆心为基点，在弹出的"创建阵列"对话框中设置"项目数"为5，完成阵列操作，效果如下右图所示。

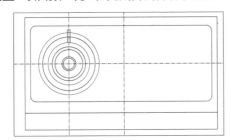 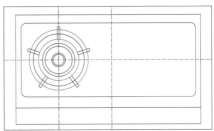

步骤 13 调用"直线"命令，绘制一条倾斜直线；调用"环形阵列"命令，在打开的对话框中设置"项目数"为30，执行阵列直线操作，效果如下左图所示。

步骤 14 单击"修改"面板中的"镜像"按钮，对绘制的左侧灶头以竖直中心线为镜向线进行镜像操作，效果如下右图所示。

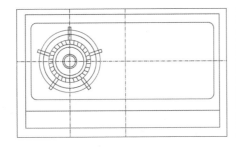 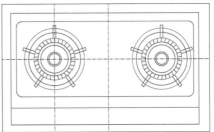

步骤 15 调用"偏移"命令，将底部轮廓线向上偏移25，调用"圆"命令，绘制半径分别为10和30的圆，如下左图所示。

步骤 16 调用"矩形"命令，绘制长15、宽50的矩形，如下右图所示。

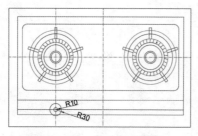 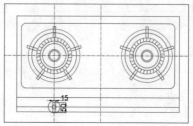

步骤17　单击"修改"面板中的"镜像"按钮，以竖直中心线为镜向线镜像左侧圆和矩形，效果如下左图所示。

步骤18　调用"矩形"命令，绘制长100、宽40的矩形。至此，煤气灶绘制完毕，效果如下右图所示。

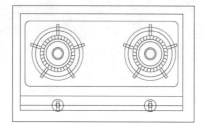 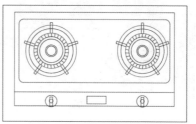

知识延伸：图案的渐变填充

在AutoCAD软件中，用户除了可以对图形执行图案填充外，还可以根据需要对图形执行渐变色填充操作，下面介绍具体操作方法。

步骤01　单击快速访问工具栏中的"打开"按钮，打开"渐变色填充.dwg"素材文件，如下左图所示。

步骤02　在命令行输入GD命令并按Enter，在弹出的"图案填充创建"选项卡下选择渐变图案并设置渐变颜色，如下右图所示。

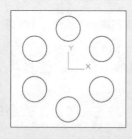 

步骤03　根据命令行提示，选择填充对象，如下左图所示。

步骤04　按Enter键完成填充操作，效果如下右图所示。

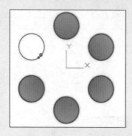 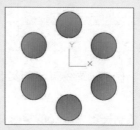

上机实训：绘制小区入口岗亭立面图

下面将综合应用本章所学知识，介绍小区入口岗亭立面图的绘制方法，具体步骤如下。

步骤 01 单击"直线"按钮，绘制一条水平线作为地平线，在靠近水平线的左端绘制一条垂直线，作为墙体外边线，如下左图所示。

步骤 02 单击"偏移"按钮，将水平线分别向上偏移4300、4600、6400，将垂直线分别向右偏移100、250、2800、5350、5500，效果如下右图所示。

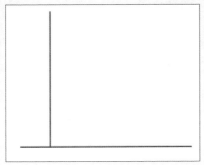
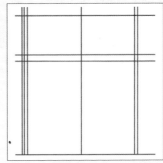

步骤 03 单击"直线"按钮，将交点1分别与交点2和交点3连接，如下左图所示。

步骤 04 单击"偏移"按纽，将直线1分别向左偏移25、340、390、1825，将直线2向右偏移595，如下右图所示。

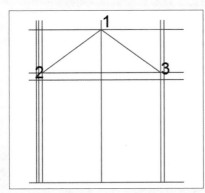
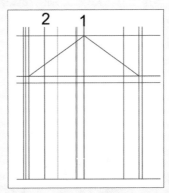

步骤 05 单击"偏移"按纽，将直线a分别向左偏移25、180、230，如下左图所示。

步骤 06 单击"偏移"按纽，将水平线分别向上偏移150、300、 350、900、950、1500、1550、2100、2150、2380、2670，如下右图所示。

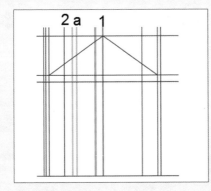
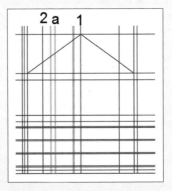

步骤 07 单击"修剪"按钮,对偏移的直线进行修改,并将多余的直线删除,效果如下左图所示。

步骤 08 单击"镜像"按钮,通过镜像完成窗户的另外一半制作,如下右图所示。

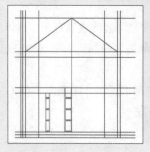 

步骤 09 单击"圆弧"按钮,绘制圆弧,并修剪内圆弧,如下左图所示。

步骤 10 单击"镜像"按钮,完成右侧窗户的绘制,如下右图所示。

 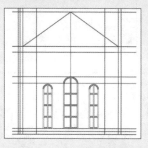

步骤 11 单击"偏移"按钮,将直线1分别向左偏移60、1880、2375,向右偏移60;将直线b分别向下偏移80、600,如下左图所示。

步骤 12 单击"圆弧"按钮,在2、3两点间画弧;单击"修剪"按钮,修剪偏移的直线,并将多余的直线删除,如下右图所示。

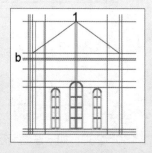 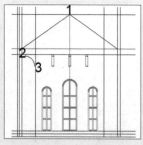

步骤 13 单击"镜像"按钮,完成对象b的镜像操作;单击"矩形阵列"按钮,阵列对象c,并利用夹点编辑功能将其拖到合适的位置,如下左图所示。

步骤 14 单击"修剪"按钮,修剪台阶,并将多余的直线删除,完成入口岗亭的绘制,效果如下右图所示。

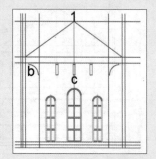 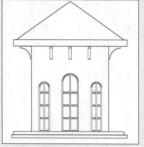

课后练习

1. 选择题

（1）在设置点样式时，可以（　　）。

    A. 选取该点后，在其对应的"特性"对话框中进行设置

    B. 执行"格式>点样式"命令

    C. 单击"图案填充"按钮

    D. 右击在弹出的快捷菜单中选择"点样式"命令

（2）以下哪种方法无法创建圆弧（　　）。

    A. 执行"绘图>圆弧"命令　　　　　　　B. 单击"圆"按钮

    C. 单击"圆弧"按钮　　　　　　　　　　D. 单击"椭圆"按钮，并在命令行输入A

（3）以下不能实现复制操作的是（　　）。

    A. 复制　　　　　　　　B. 偏移　　　　　C. 镜像　　　　D. 分解

（4）下面使用夹点操作不正确的是（　　）。

    A. 选择图形对象，并显示夹点

    B. 选择图形对象上的一个夹点并右击，在弹出快捷菜单中选择"旋转"命令

    C. 在命令行输入R，表示复制而不是旋转

    D. 移动光标，旋转该图形对象到指定位置单击即可

（5）下面操作不能打开"边界图案填充"对话框的是（　　）。

    A. 在命令行输入BHATCH　　　　　　　B. 单击"图案填充"按钮

    C. 执行"绘图>图案填充"命令　　　　　D. 单击"编辑图案填充"按钮

2. 填空题

（1）通过输入等分对象的距离，进行等分操作的是＿＿＿＿＿＿＿＿。

（2）在绘制圆弧时，S、C、E分别表示＿＿＿＿＿＿。

（3）选取对象，然后转换成＿＿＿＿＿＿模式，可以非常简单地编辑一个或多个对象。

（4）AutoCAD中提供倒角与圆角命令，倒角是指＿＿＿＿＿＿＿＿；圆角是指＿＿＿＿＿＿＿＿。

3. 上机题

    根据本章所需知识，用户可以执行绘制圆中心线、绘制圆、偏移圆以及修剪多余直线等操作，绘制如下图所示的机械零件图。

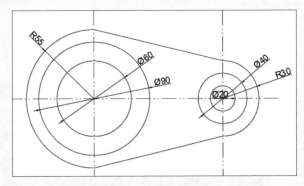

Chapter 03　管理与注释

本章概述

图层是用户管理图纸的重要工具，针对复杂的机械装配图或室内装修施工图等，用户可以根据不同的属性合理划分图层。通过对图层的管理，使得整个图形信息更加清晰、有序，方便以后修改及查看。注释是图形的核心信息，是图形对象形状、位置的量化说明，同时也是零件加工及工程施工的主要依据。

核心知识点

❶ 了解图层的基本属性
❷ 掌握图层的创建方法
❸ 掌握如何管理图层
❹ 熟悉各类图形的标注方法
❺ 掌握编辑标注的技巧
❻ 掌握块的应用

3.1　标注与编辑文本

标注和编辑文本是AutoCAD绘图时常用的功能，尺寸标注是对图形对象的量化说明，也是后期加工和检验的主要依据，所以标注是图样不可或缺的重要部分。为了完善图纸的可读性，以方便后期使用，用户通常还需要为图样添加相应的文字信息，如注释说明、技术要求、标题栏和明细表等。

3.1.1　创建文字样式

文字样式是一组可以跟随图形文件保存的文本设置集合，文字设置包括字体、文字高度以及特殊符号效果等。在标注文字前，首先需要定义文字样式，然后再用定义好的文字样式进行标注。

在AutoCAD中可以通过"文字样式"对话框来创建和修改文字样式，打开该对话框的具体操作方法如下。

方法1：在命令行输入ST后，按Enter键。

方法2：在菜单栏执行"格式>文字样式"命令。

方法3：在"注释"选项卡下"文字"面板中单击右下角的对话框启动器按钮 ⅶ 。

1. 新建文字样式

步骤 01 执行"格式>文字样式"命令，打开"文字样式"对话框，如下左图所示。

步骤 02 单击"新建"按钮，在弹出的"新建文字样式"对话框中输入新建样式名，单击"确定"按钮，完成文字样式的创建，如下右图所示。

2. 设置文字样式

在AutoCAD中，对文本字体的设置主要包括显示字体和文字高度两方面，文字字体分为两种：一种是普通字体，即TrueType字体文件；另一种是AutoCAD自有的字体文件，后缀为.Shx的自有字体文件。

步骤 01 单击"文字样式"对话框"字体"选项区域中"字体"下拉按钮，在弹出的下拉列表选择所需的字体样式，如下左图所示。

步骤 02 在"高度"数值框内输入字体高度值为2.5，单击"应用"按钮，完成字体设置，如下右图所示。

> **提示：设置文本效果**
>
> 在使用AutoCAD进行图形绘制时，用户还可以根据需要对文本的显示效果进行设置，如设置文本的颠倒、反向、垂直效果，或调整倾斜角度与宽度因子。

3. 删除文字样式

在AutoCAD中，若需要删除新建的文字样式，只需使要删除的文字样式不在当前使用样式下，选中后直接单击"删除"按钮。键盘上Delete键是无法对当前文字样式进行删除的。

步骤 01 打开"文字样式"对话框，在"样式"列表框中选择要删除的文字样式，如下左图所示。

步骤 02 单击"删除"按钮，在弹出的"acad警告"对话框内单击"确定"按钮，完成文字样式的删除操作，如下右图所示。

3.1.2 创建与编辑单行文本

单行文本是将每一行文字作为一个独立的对象，用户可以根据需要一次性在图纸中添加所需的文本内容，并且可以对任意文字对象进行单独编辑修改，常用的执行"单行文字"命令的操作方法有以下几种。

方法1：在菜单栏中执行"绘图>文字>单行文字"命令。

方法2：在命令行输入DT/TEXT/DTEXT命令，然后按Enter键。

方法3：单击"默认"选项卡下的"注释"面板中"文字"下三角按纽，在列表中选择"单行文字"选项。

下面介绍创建单行文字的操作方法，具体如下。

步骤 01 执行"单行文字"命令，在绘图区域选择插入点，如下左图所示。

步骤 02 根据命令行提示输入文字高度值，并按Enter键，完成文字高度设置，如下右图所示。

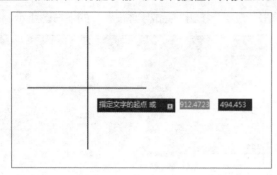 

步骤 03 根据命令行提示输入文字旋转角度值，保持默认值0并按Enter键，如下左图所示。

步骤 04 在弹出的文本编辑框中输入文字，在绘图区空白区域内单击，完成单行文字输入操作，如下右图所示。

单行文字创建完成后，用户还可以根据需要对创建的文本进行相应的编辑操作，具体操作如下。

步骤 01 在命令行输入DT命令后，可以输入对正J/样式S命令，以输入J为例，如下左图所示。

步骤 02 根据命令行提示选择文字的对正方式，在此选择"居中"选项，如下右图所示。

步骤 03 根据命令行提示指定中心点，并选择长方形的中心点，如下左图所示。

步骤 04 根据命令行提示，设置文字高度为2.5，设置旋转角度为90，并在弹出的文字编辑框内输入文字，然后单击绘图区域空白处即可，效果如下右图所示。

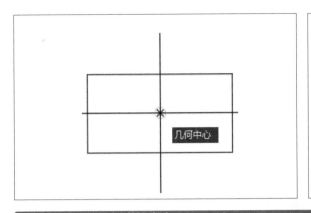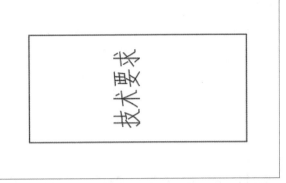

提示：创建与编辑多行文本

当用户使用单行文字不能满足需求时，AutoCAD还提供了多行文字功能，多行文字与单行文字设置的参数都类似，可以参考单行文字创建与编辑。唯一不同的是，多行文字每一行不再是单独的文字对象，也不能独立编辑，多行文字所有行都是一个文字对象。

3.1.3 插入特殊字符

用户在文字输入过程中，时常会用到一些具有特殊含义的字符，例如直径、上下划线、角度、标注等。这些特殊字符一般不能由键盘直接输入，AutoCAD为用户提供了相应的控制符，以实现这些特殊字符的快速标注。

执行"单行文字"命令并设置文字的字号后，在命令行提示中输入特殊字符的代码，即可完成操作，如下表所示。

字符代码	标注的特殊字符	字符代码	标注的特殊字符
%%O	文字上划线打开或关闭	\u+2260	不相等
%%U	文字下划线打开或关闭	\u+0394	差值
%%D	度(°)	\u+2104	中心线
%%%	百分号(%)	\u+E100	边界线
%%C	直径(Φ)	\u+0278	电相位
%%P	正负号(±)	\u+2126	欧姆
\u+2220	角度	\u+03A9	欧米加

提示：关于%%O和%%U字符

在插入特殊字符时，%%O和%%U分别是上划线和下划线的开启开关，第一次输入时表示开启，再次输入时表示关闭。其他控制符输入时会临时显示在对话框中，当输入完成后自动转为相应的特殊符号。

3.2 创建与编辑表格

表格在各类图纸的绘制和展示中起着很大的作用，例如机械类图纸中的标题栏、园林制图中的创建植物名录等，应用表格可以简洁明了地对图纸进行说明，用户也可以在表格中进行数据统计分析等操作。

3.2.1 创建表格样式

创建表格样式与创建文本样式的操作是相同的，先定义好若干个表格样式，然后根据需要创建不同风格的表格。在AutoCAD中，用户可以根据以下方法打开"表格样式"对话框。

方法1：执行"格式>表格样式"命令。

方法2：在命令行中输入TS命令，然后按下Enter键。

方法3：在"注释"选项卡下单击"表格"面板右下角的对话框启动器按钮。

执行上述任意一种操作，都将打开"表格样式"对话框，用户可以根据需要设置表格样式、文字字体、颜色、高度、行数、列数、线宽、背景填充等。

步骤 01 打开"表格样式"对话框后，单击"新建"按钮，如下左图所示。

步骤 02 在弹出的"创建新的表格样式"对话框中输入新样式名为"项目明细"，单击"继续"按钮，如下右图所示。

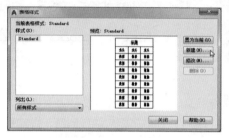 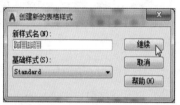

步骤 03 打开"修改表格样式：项目明细"对话框，如下左图所示。

步骤 04 根据具体需要设置表格方向、标题、表头、数据的颜色、字体、边框等，然后单击"确定"按钮，效果如下右图所示。

 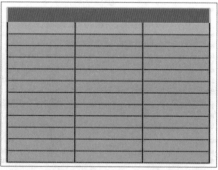

在"修改表格样式"对话框中，各选项的含义介绍如下。

● **"起始表格"选项区域**：用户可以通过该选项区域，选择已有的表格样式作为样例来设置新建表格的格式。

● **"常规"选项区域**：用户可以通过该选项区域调整表格方向。

● **"单元样式"选项区域**：用户可以通过该选项区域定义新的单元格样式或修改已有的单元格样式。系统默认为"标题"、"表头"、"数据"3种单元格样式。

3.2.2 编辑表格

在工程文件设计过程中，经常需要根据实际需要对表格进行调整，所以用户要熟练掌握编辑表格的方法。表格的编辑通常包括修改表格特性和修改单元格特性两方面。

1. 修改表格特性

在AutoCAD中，用户可以在"特性"面板或使用夹点编辑表格模式对表格特性进行修改。

- **"特性"面板**：在"特性"面板中，表格的所有属性都可以修改，例如图层、颜色、行数、列数、样式等。双击任意一条表格线，系统将弹出"特性"面板，如下左图所示。用户根据需要修改表格特性。

- **夹点编辑表格模式**：在夹点编辑表格模式下，用户可以将表格的左边想象成稳定的一边，表格右边则是活动的。左上角的夹点为整个表格的基点，通过基点可以对表格进行移动、水平拉伸、垂直拉伸等编辑操作。选择表格任意一条线，在表格的拐角和其他几个单元的连接处可以看到夹点，如下右图所示。

 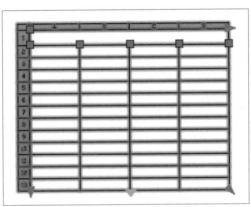

2. 修改单元格特性

在"表格单元"选项卡下，用户可以执行插入/删除表格、调整文字对齐方式、调整单元格背景颜色以及插入块等编辑操作。创建表格后，选中某个单元格，即可在功能区中显示"表格单元"选项卡，如下图所示。

3.2.3　添加表格文字

表格创建完成后，下一步就是在表格中添加内容，表格中的数据都是通过表格单元进行添加的。表格不仅可以添加数据，也可以添加多个块。用户不仅可以逐个表格单元添加数据，也可以将Microsoft Excel电子表格数据进行连接添加一组数据。

1. 添加文字

插入表格后，AutoCAD会自动激活表格的第一个单元格，同时打开"文字编辑器"选项卡，用户可以直接在表格中添加内容，或者双击某个单元格，激活该单元格来添加数据或文字，如下左图所示。

2. 添加块

选中表格的某个单元格后，在"表格单元"选项卡中单击"插入"面板下的"块"按钮，在弹出的"表格单元中插入块"对话框中选择需要添加的块并单击"确定"按钮，完成块添加操作。在插入块时，块的大小可以自动适应单元的大小，也可以调整单元以适应块的大小，并且可以将多个块插入到同一个单元中，如下右图所示。

3.3 标注与编辑尺寸

尺寸标注是工程图纸中重要的元素，它展示了图形的各个组成部分大小、位置、尺寸、材料属性等设计对象的详细信息，是前期生产制造及后期检验维护的主要依据。

基于图形标注本身繁琐性，为满足各个应用行业不同标注需求，AutoCAD提供了一套完整灵活的标注系统，用户可以很容易地完成格式标注。针对已经标注的尺寸标注，也可调用编辑尺寸命令针对标注样式、倾斜/旋转角度等进行编辑，以符合用户的标注需求。

3.3.1 尺寸标注的规则与组成

尺寸标注是一个复合体，也是以块的形式存储在图形中。用户在进行标注时，必须按照国标关于尺寸标注的相关规定执行，不能随意标注，尺寸标定包括线性、角度、半径、直径、形位公差、尺寸公差等。

1. 尺寸标注的规则

尺寸标注要求用户对标注对象进行完整、准确、清晰地标注，标注的尺寸数值能够真实反映标注对象的实际大小和形状。因此国家标准对尺寸标注做了详细的规定，要求尺寸标注必须遵守以下原则。

- 物体的每一个尺寸，一般只标注一次，并且应该标在最能清晰反映该结构的视图上。
- 物体的真实大小应以图形上所标注的尺寸数值为依据，与图形的显示大小和绘图的精确度无关。
- 图形标注的尺寸为物体的最终尺寸，如果是中间过程的尺寸也必须加以说明。

2. 尺寸标注的组成

尺寸标注主要由尺寸界限、尺寸线、尺寸箭头、尺寸文字4大部分组成，AutoCAD标注命令及样式设置都是以这4部分组成展开的，如下图所示。

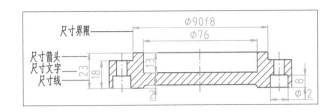

3.3.2 尺寸标注的类型

尺寸标注的类型主要是根据尺寸标注的不同样式进行区分，尺寸标注样式设置主要是对尺寸标注涵盖的4大要素进行的，主要包括尺寸标注的外观、箭头样式、文字位置、尺寸公差等。在同一个AutoCAD图纸中，用户可以根据需要定义多个不同风格的标注样式。

在AutoCAD中创建标注前，一般需要用户根据工程所涉及的专业或领域特点，进行相应的样式标注设置。系统默认的样式为STANDARD，如果不能满足需求，用户可以执行"格式>标注样式"命令，在打开的"标注样式管理器"对话框中创建新的样式。

步骤 01 在命令行中输入D命令并按下Enter键，打开"标注样式管理器"对话框，如下左图所示。

步骤 02 单击"新建"按钮，在打开的"创建新标注样式"对话框的"新样式名"文本框中输入新名称，单击"继续"按钮，如下右图所示。

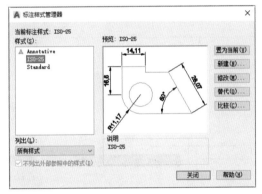

步骤 03 在打开的"新建标注样式：机械标注"对话框中，设置标注中的直线、符号、箭头、文字单位等内容。选择"文字"选项卡，将文字高度设置为2.5，其它设置保持默认，如下左图所示。

步骤 04 单击"确定"按钮，返回"标注样式管理器"对话框，单击"关闭"按钮，完成新建标注样式的创建，如下右图所示。

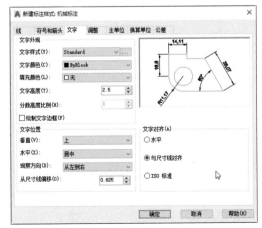
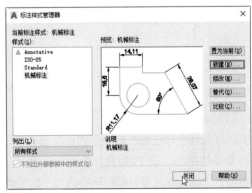

3.3.3 基本尺寸标注

AutoCAD在尺寸标注方面充分考虑了各行业的需求，为方便用户使用提供了各种形式的尺寸标注，如线性标注、径向标注、角度标注、指引标注等，掌握这些标注方法可以灵活地为各种图形添加尺寸标注，使其成为生产制造或施工检验的依据。

1. 线性标注

线性标注适用于标注图形的线型的具体长度，它是最基础的标注类型，可以对图形中水平、竖直的线段进行标注。单击"注释>标注>线性"按纽或选择菜单栏的"标注>线性"命令，根据命令行提示选择标注尺寸的开始和结束定位点，并指定尺寸对于标定线的显示位置。

下面介绍线性标注的操作方法，具体如下。

步骤 01 在命令行输入DIMSCALE命令，按Enter键，如下左图所示。

步骤 02 根据命令行提示，在绘图区域指定标注线段的第一个点，如下右图所示。

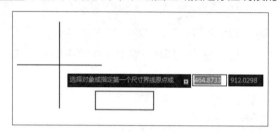
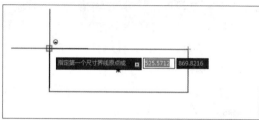

步骤 03 根据提示指定线段的第二个点，如下左图所示。

步骤 04 指定尺寸界限显示位置，如下右图所示。

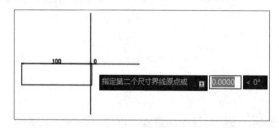

步骤 05 即可完成线性标注，效果如下左图所示。

步骤 06 根据以上方法设置其他边的标注，如下右图所示。

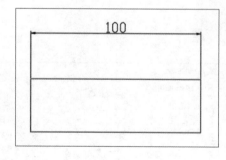
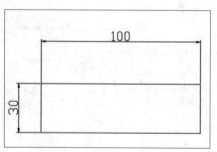

2. 对齐标注

对齐标注和线性标注都是对图形的长度进行标注，区别在于对齐标注是对倾斜方向上的线段进行的标注。执行菜单栏中的"标注>对齐"命令或单击"注释"选项卡下"标注"面板中的"对齐"按钮，根据命令行提示选择标注尺寸开始和结束的两个定位点，并指定尺寸对于标定线的显示位置。

步骤 01 在命令行中输入DAL命令，按Enter键激活对齐标注命令，如下左图所示。

步骤 02 根据命令行提示指定标注线段的第一个点，如下右图所示。

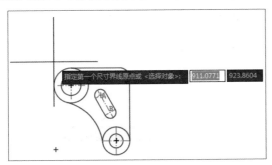 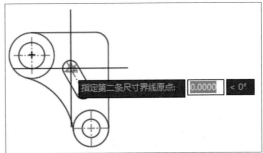

步骤 03 根据命令行提示指定标注线段的第二个点，如下左图所示。

步骤 04 指定尺寸界限显示位置，完成标注操作，效果如下右图所示。

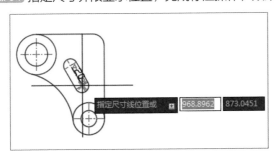 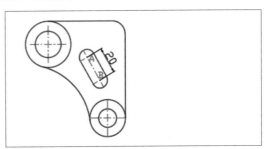

3. 角度标注

角度标注可准确测量出两条线段间夹角的角度，用户可以单击"注释"选项卡"标注"面板中"角度标注"按钮△或执行菜单栏中的"标注>角度"命令，根据命令行提示选择标注尺寸的两条夹角线段，并指定尺寸对于标定线的显示位置。

步骤 01 在命令行输入DAN命令，如下左图所示。

步骤 02 根据命令行提示指定标注夹角的第一条直线，如下右图所示。

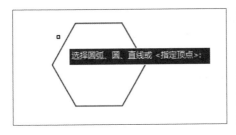 

步骤 03 根据命令行提示指定标注夹角的第二条直线，如下左图所示。

步骤 04 指定尺寸界限显示位置，完成角度标注，效果如下右图所示。

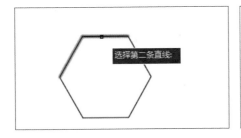 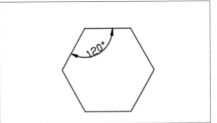

4. 弧长标注

弧长标注可以标注图形中带有圆弧、多段线圆弧及其它圆弧的长度。用户可以在"注释"选项卡下"标注"面板中单击"弧长"按钮⌒或在菜单栏中执行"标注>弧长"命令，根据命令行提示选择标注尺寸的圆弧，并指定尺寸对于标定线的显示位置。

步骤 01 在命令行输入DIMARC命令，按Enter键，如下左图所示。

步骤 02 根据命令行提示选择标注弧线，如下右图所示。

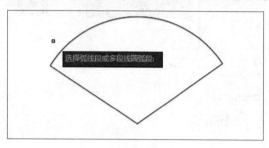 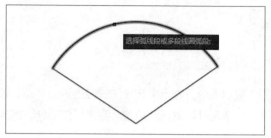

步骤 03 根据命令行提示指定尺寸界限显示位置，如下左图所示。

步骤 04 完成弧线长度标注，如下右图所示。

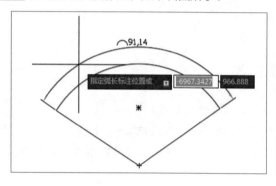 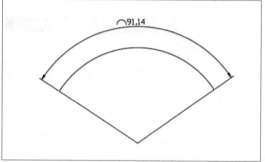

5. 半径/直径标注

半径或直径标注主要用于对图形中圆或圆弧的半径/直径进行标注。在"注释"选项卡下"标注"面板中单击"半径"按钮◎/"直径"按钮◎或在菜单栏中执行"标注>半径"、"标注>直径"命令。根据命令行提示选择标注尺寸的圆，并指定尺寸对于标注线的显示位置。

● **半径标注**

步骤 01 在命令行中输入DIMRAD命令，按Enter键，如下左图所示。

步骤 02 根据命令行提示选择要标注的圆，如下右图所示。

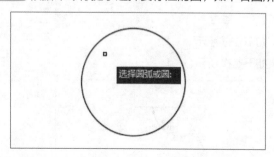 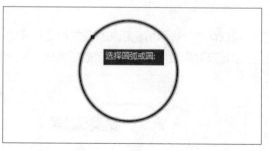

步骤 03 根据命令行提示指定尺寸界限显示位置，如下左图所示。

步骤 04 完成圆的半径标注，如下右图所示。

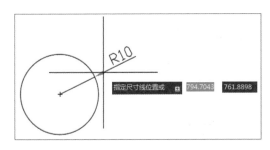
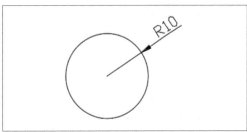

● **直径标注**

步骤01 在命令行输入DIMDIA命令，按Enter键，如下左图所示。

步骤02 根据命令行提示选择标注的圆，如下右图所示。

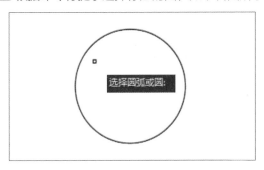

步骤03 根据命令行提示指定尺寸界限显示位置，如下左图所示。

步骤04 完成圆的直径标定，如下右图所示。

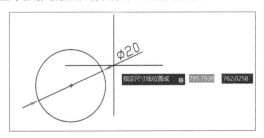
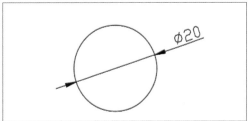

6. 连续标注

连续标注又称链式标注，主要用于对同一方向上连续的线性或角度进行标注。在标注时，后一个尺寸标注是以前一个尺寸第二条尺寸界线为基准连续创建。用户可以在"注释"选项卡下"标注"面板中单击"连续标注"按钮 ⊢⊢ 或在菜单栏选择"标注>连续"命令，根据命令行提示连续选择需要标注的尺寸界线，并指定尺寸对于标定线的显示位置。

步骤01 在命令行输入DIM命令，按Enter键，如下左图所示。

步骤02 根据命令行提示选择第一个尺寸的界线，如下右图所示。

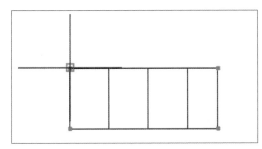
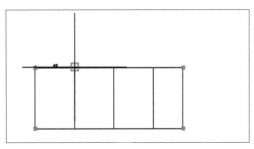

步骤 03 根据命令行提示指定尺寸界限显示位置，如下左图所示。

步骤 04 单击第一个尺寸的边界线，选择"连续标注"选项，如下右图所示。

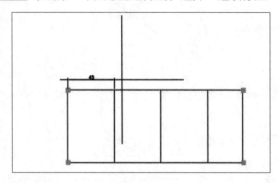 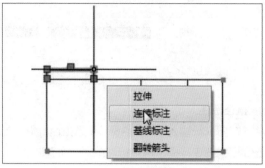

步骤 05 选中后一个尺寸的标注界线，如下左图所示。

步骤 06 继续选中后续的尺寸界线，完成同一方向上的标注，效果如下右图所示。

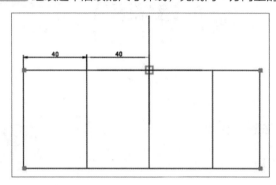 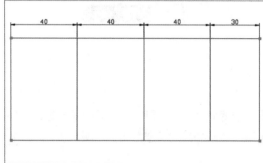

7. 基线标注

基线标注主要用于具有共同尺寸线的尺寸标注。用户可以在"注释"选项卡下"标注"面板中单击"基线标注"按钮◻或在菜单栏中执行"标注>基线"命令，根据命令行提示连续选择需要标注的尺寸界线。

步骤 01 在命令行输入DBA命令，根据命令行提示标定第一个尺寸，如下左图所示。

步骤 02 陆续选择相应的尺寸界限点，效果如下右图所示。

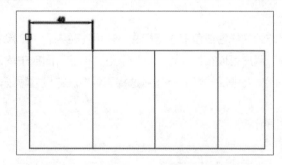 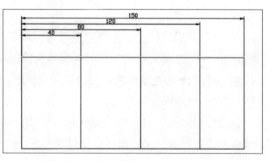

8. 快速标注

AutoCAD将常用的基本标注综合成一个方便快捷的快速标注命令。用户可以在"注释"选项卡下"标注"面板中单击"快速标注"按钮◻或在菜单栏中执行"标注>快速标注"命令，根据命令行提示选择标注的图形。

步骤 01 在命令行中输入QDIM命令，按Enter键，如下左图所示。

步骤 02 根据命令行提示选择需要标注的图形，如下右图所示。

步骤03 根据命令行提示指定尺寸界限的显示位置，如下左图所示。

步骤04 单击即可完成标注操作，如下右图所示。

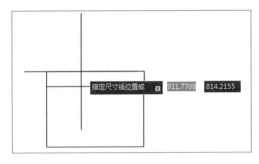 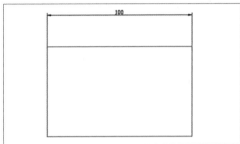

9. 折弯标注

在AutoCAD中，对大直径的圆或圆弧半径进行标注时，通常使用折弯标注。折弯标注和半径标注方法相同，半径标注的圆心为图形的实际圆心位置，而折弯标注需要指定一个圆心的位置。用户可以在"注释"选项卡下"标注"面板中单击"折弯"按钮 ⍁ 或在菜单栏中执行"标注>折弯"命令，根据命令行提示选择标注的图形。

步骤01 在命令行中输入DIMJOGGED命令并按Enter键，如下左图所示。

步骤02 根据命令行提示选择需要标注的图形，如下右图所示。

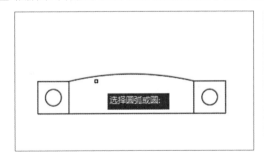 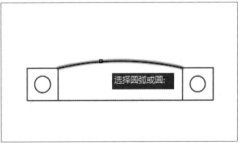

步骤03 根据命令行提示指定图示中心位置，如下左图所示。

步骤04 根据命令行提示指定尺寸线位置，如下右图所示。

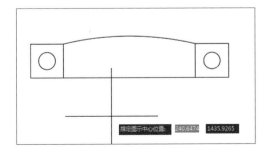 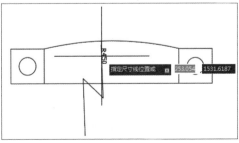

步骤 05 根据命令行提示指定折弯位置，如下左图所示。

步骤 06 完成标注操作，效果如下右图所示。

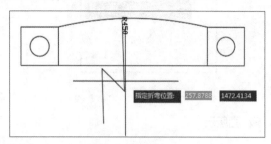 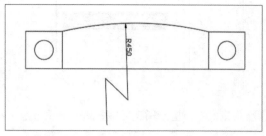

实战练习 标注零件图的尺寸

对尺寸进行标注是AutoCAD设计人员的基本技能，针对不同的行业，在标注时所要求的标注样式会有所区别，下面介绍对机械类的零件基本尺寸进行标注的方法。

步骤 01 执行"文件>打开"命令，打开"案例1.dwg"素材文件，如下左图所示。

步骤 02 选择"格式>标注样式"命令，打开"标注样式管理器"对话框，单击"新建"按钮，弹出"创建新标注样式"对话框，在"新建样式名"文本框内输入"机械标注"，然后单击"继续"按钮，如下右图所示。

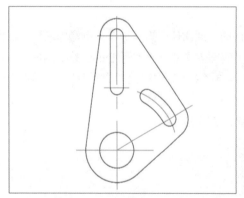 

步骤 03 在"符号和箭头"选项卡下设置"箭头大小"为3.5，在"文字"选项卡下设置文字高度为4.5，在"主单位"选项卡下设置精度为0，单击"确定"按钮，如下左图所示。

步骤 04 在"默认"选项卡下"注释"面板中单击"线性"或"对齐"按纽，在零件图中标注线性尺寸，如下右图所示。

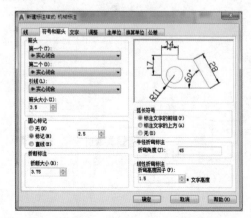 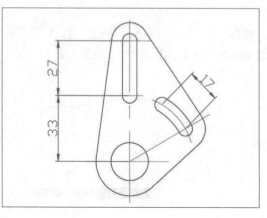

步骤 05 在"默认"选项卡下"注释"面板中单击"半径"按钮，标注零件图中圆弧尺寸，如下左图所示。

步骤 06 在"默认"选项卡下"注释"面板中单击"角度"按钮，标注零件图中角度尺寸，至此完成标注操作，效果如下右图所示。

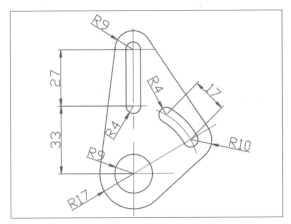 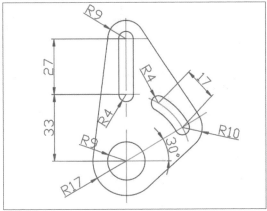

3.3.4 其他尺寸标注

AutoCAD除了基本的标注外，还提供了满足不同行业特点的标注，以机械行业为例，公差标注主要是确定机械零件的几何参数，使其尺寸或形状在一定的范围内变动，以满足装配和互换要求。公差标注分为尺寸公差和形位公差。

1. 尺寸公差设置

尺寸公差是指最大极限值与最小极限值差值的绝对值，是尺寸合理值的允许范围。用户可以在菜单栏执行"格式>标注样式"命令，在弹出的"标注样式管理器"对话框中单击"修改"按钮，在弹出的"修改标注样式"对话框中对尺寸公差进行设置。

步骤 01 在命令行中输入D命令，打开"标注样式管理器"对话框，如下左图所示。

步骤 02 单击"修改"按钮，打开"修改标注样式"对话框，切换至"公差"选项卡，设置"上偏差"和"下偏差"的参数，如下右图所示。

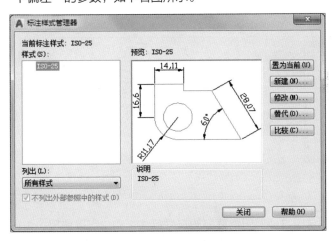 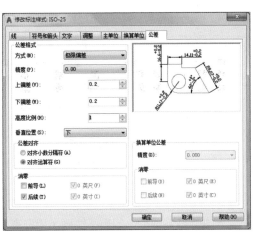

步骤 03 单击"确定"按钮完成公差设置，返回"标注样式管理器"对话框，单击"关闭"按钮，如下左图所示。

步骤 04 在菜单栏中执行"标注>线性标注"命令，完成标注操作，效果如下右图所示。

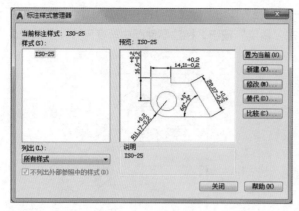
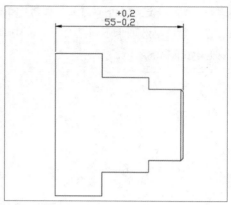

2. 形位公差设置

零件加工后，除了会产生尺寸误差外，还会产生单一要素的形位误差和不同要素之间的相对误差，形位误差是对这些误差最大允许范围的说明。由于形位误差影响产品功能，因此其值范围要按照标准的符号标注在图样上。

单击"注释"选项卡下"标注"面板中的"公差"按钮；或在菜单栏中执行"标注>公差"命令，在打开的"形位公差"对话框中根据需要进行相应的设置。

步骤 01 在命令行中输入TOL命令并按Enter键，打开"形位公差"对话框，如下左图所示。

步骤 02 单击"符号"下方的图标，打开"特征符号"面板，选择所需的特征符号即可，如下右图所示。

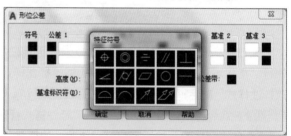

步骤 03 在"公差1"和"公差2"数值框中输入所需的参数值，单击"确定"按钮，如下左图所示。

步骤 04 指定插入点，完成形位公差标注，如下右图所示。

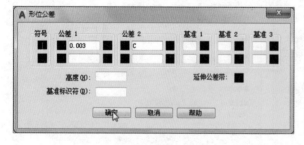
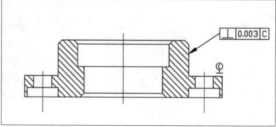

3.3.5 编辑尺寸标注

尺寸标注完成后，如果不能满足用户需求或者因其他原因需要修改尺寸标注，用户可以使用AutoCAD提供的各种编辑功能进行处理。AutoCAD的尺寸标注编辑包括修改标注文本、角度、调整文字位置等功能。

1. 修改标注文本

步骤 01 双击需要修改的尺寸标注文本，如下左图所示。

步骤 02 在编辑框内输入修改后的标注内容，单击页面空白处，完成尺寸文本修改，如下右图所示。

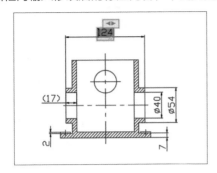 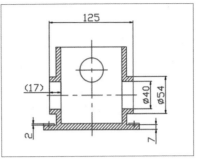

2. 修改标注文本角度

步骤 01 在"注释"选项卡下"标注"面板中单击"文字角度"按钮✎，根据命令行提示选择修改角度的标注尺寸，如下左图所示。

步骤 02 根据命令行提示输入角度值为30，按下Enter键完成标注文本角度的修改，如下右图所示。

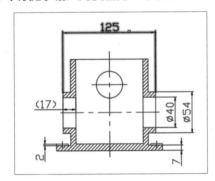 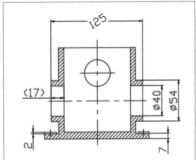

3. 调整标注文本显示位置

步骤 01 在"注释"选项卡下"标注"面板中单击"左对正"按钮⊢◄，根据命令行提示选择需要调整显示位置的标注尺寸，如下左图所示。

步骤 02 在空白处单击，完成"左对正"显示文本操作，如下右图所示。

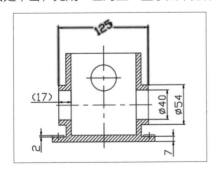 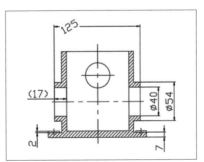

4. 标注尺寸线

步骤 01 单击功能区"注释"选项卡下"标注"面板中"倾斜"按钮 H，根据命令行提示选择标注尺寸，如下左图所示。

步骤 02 根据命令行提示输入倾斜角度值为85，按Enter键完成标注尺寸线倾斜操作，如下右图所示。

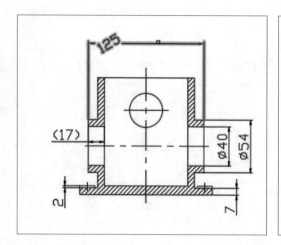
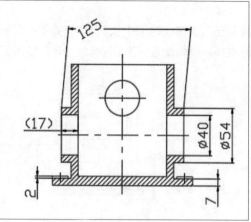

3.4 图层管理

图层管理功能是用户管理图样的主要工具，对于复杂的机械装配图、室内设计、装潢施工图以及建筑图纸而言，合理地划分图层，可以使图形信息更加清晰有序，方便后期观察、修改、打印等处理。用户可以将图层理解为根据不同属性将图形信息归类并重叠的透明薄片，一张图纸可以包含若干个图层。

3.4.1 创建并设置图层

在使用AutoCAD进行绘图时，用户可以将不同属性的图元放置在不同的图层，以便对图形对象的各种特性进行操作，例如颜色、线宽以及线型等。熟练应用图层功能可以让用户在绘制复杂图形时大大提高绘图的工作效率。

1. 新建图层

用户在图形绘制时，根据添加元素的不同创建不同的图层，方便对不同的图形进行分别控制，后期也可随时按需求修改相应的图层。在"图层特性管理器"面板中可以执行图层的编辑操作，在菜单栏中执行"格式>图层"命令即可打开该面板。

步骤 01 在命令行中输入LA命令，打开"图层特性管理器"面板，如下左图所示。

步骤 02 单击"新建图层"按钮，图层列表中即可新建"图层1"图层，如下右图所示。

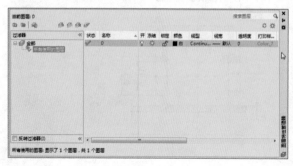
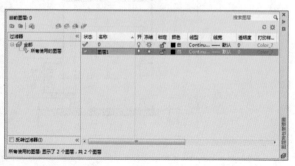

步骤 03 单击"图层1"图层名称，图层名称为可编辑状态，修改图层名称为"中心线"，按Enter键完成图层新建操作，如下左图所示。

步骤 04 按上述方法新建"轮廓线"图层，如下右图所示。

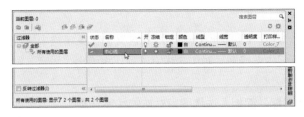 

2. 图层的颜色设置

一张图纸会有若干个图层，为了与其它图层进行区分，通常将各个图层设置为不同的颜色。Auto-CAD默认提供7种标准颜色，用户可以根据需要选择，或在"索引颜色"、"真色彩"或"配色系统"选项卡下选择所需的颜色。

在打开的"图层特性管理器"面板中单击图层的色块，系统将弹出"选择颜色"对话框，选择相应颜色即可。

步骤 01 在命令行中输入LA命令，打开"图层特性管理器"面板，单击图层的色块，打开"选择颜色"对话框，选择蓝色，如下左图所示。

步骤 02 单击"确定"按钮，完成图层颜色的设置，如下右图所示。

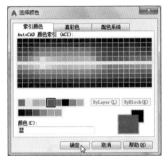 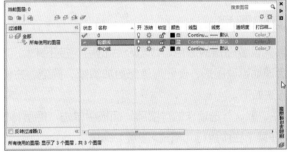

3. 图层线型设置

在绘图时，用户可以对每个图层的线型样式进行设置。不同的线型有不同的作用，系统默认的线型为Continous。

在打开的"图层特性管理器"面板中单击图层对应的线型选项，系统将弹出"选择线型"对话框，选择相应线型即可。

步骤 01 在命令行中输入LA命令，打开"图层特性管理器"面板，选择图层对应的线型选项，在弹出的"选择线型"对话框中单击"加载"按钮，在"加载或重载线型"对话框中设置中心线的线型为CENTER，如下左图所示。

步骤 02 单击"确定"按钮，返回"选择线型"对话框，选择CENTER线型选项，单击"确定"按钮，完成中心线图层线型的设置，如下右图所示。

 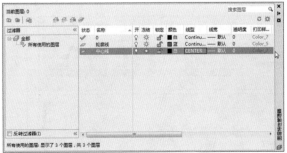

4. 图层线宽设置

在绘图时，用户可以对每个图层的线宽进行设置，不同的线宽也代表不同的含义。在菜单栏中执行"格式>图层>"命令，在打开的"图层特性管理器"面板中选择图层对应的线宽选项，将弹出"线宽"对话框，选择相应线宽选项即可。

步骤01 在命令行中输入LA命令，打开"图层特性管理器"面板，选择图层对应的线宽选项，在弹出的"线宽"对话框选择0.2mm线宽选项，如下左图所示。

步骤02 单击"确定"按钮，完成轮廓线图层线宽设置，如下右图所示。

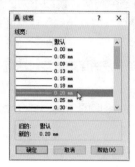
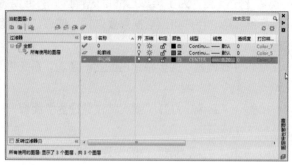

3.4.2 使用图层

创建图层并设置图层的颜色、线型及线宽后，接下来就可以在图层中绘制图形了。灵活地使用图层功能，可以合理地管理图形，使图形信息更加清晰、简洁，方便修改、打印等操作。打开"图层特性管理器"面板的方法如下。

方法1：在"默认"选项卡的"图层"面板中单击"图层特性"按钮。

方法2：在菜单栏中执行"格式>图层"命令。

步骤01 在命令行中输入LA命令，打开"图层特性管理器"面板，如下左图所示。

步骤02 选择"中心线"图层选项，如下右图所示。

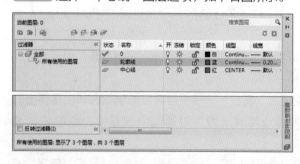
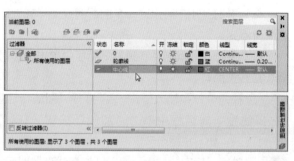

步骤03 单击"置为当前"按钮，如下左图所示。

步骤04 关闭"图层特性管理器"面板，在绘图区域绘制图形中心线，如下右图所示。

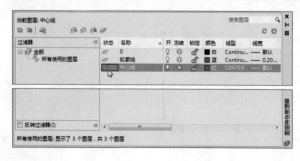
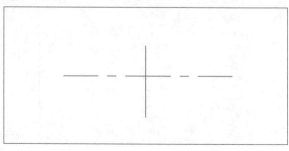

步骤 05 选择"轮廓线"图层选项，并置为当前，如下左图所示。

步骤 06 单击"自动隐藏"按钮，隐藏"图层特性管理器"面板，在"轮廓线"图层绘制图形轮廓，如下右图所示。

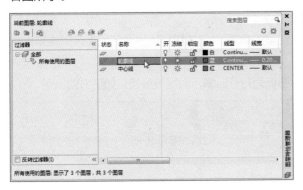

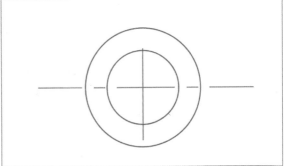

3.4.3　管理图层

学习了创建、设置及使用图层操作后，"图层特性管理器"面板还提供了一些管理图层的功能，如锁定图层、过滤图层、删除图层以及图层的打开和关闭等。

1. 打开及关闭图层

系统默认的图层全部都是打开的，选择关闭的图层，该图层中的所有图形要素均不可见，也不能编辑或者打印，重新生成图形时，图层上的实体将重新生成。

步骤 01 在命令行中输入LA命令，打开"图层特性管理器"面板，如下左图所示。

步骤 02 选择"轮廓线"图层，单击"开"图标，即可关闭该图层，如下右图所示。

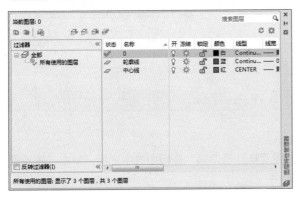

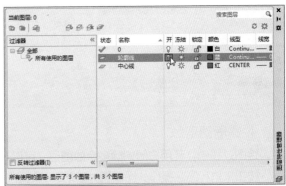

步骤 03 此时"轮廓线"图层中的图形被隐藏了，如下左图所示。

步骤 04 再次单击"轮廓线"图层的"开"图标，即可显示该图层的图形，如下右图所示。

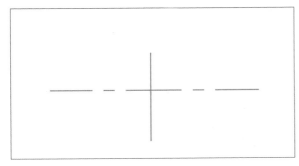

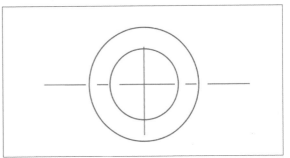

2. 锁定/解锁图层

图层的锁定与解锁功能主要用于图层较多或图形元素比较复杂时，对一些图层进行编辑或修改时，用户将不需要或者影响选择图形的其他图层进行锁定。被锁定的图层用户只能查看，无法进行修改或者编辑，但可以绘制新的对象，而且实体仍可显示和输出。

步骤 01 在打开的"图层特性管理器"面板中单击相应图层的解锁/锁定按钮，锁的图标为关闭时表示图层被锁定，如下左图所示。

步骤 02 再次单击该图层选项中的解锁/锁定按钮，锁的图标为打开时表示图层被解锁，如下右图所示。

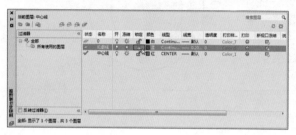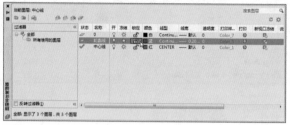

3. 冻结/解冻图层

冻结图层后，该图层上的实体被隐藏，同时也无法对该实体进行打印操作。重新生成图形时，图层上的实体不会重新生成。

步骤 01 在打开的"图层特性管理器"面板中选择要冻结的图层，如下左图所示。

步骤 02 单击冻结按钮，冻结图层；再次单击冻结按钮，解冻图层，如下右图所示。

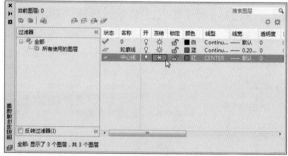

4. 删除图层

绘图过程中，若用户想删除多余的图层，可以在"图层特性管理器"面板中选中图层，单击"删除图层"按钮来执行删除操作，图层置为当前时无法被删除。

步骤 01 选择要删除的图层，单击"删除图层"按钮，如下左图所示。

步骤 02 所选图层随即被删除，如下右图所示。

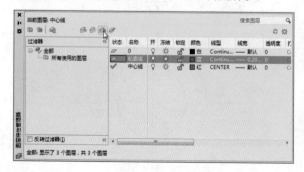

5. 保存并输出图层

在绘制较为复杂的图形时，通常会创建多个图层并设置图形特性，如果下次还需要绘制相同的图形，若一步一步操作，会降低绘图效率，AutoCAD提供的图层保存、输出和输入功能可以解决此类问题，并提高绘图效率。

步骤 01 打开需要保存的图形文件，在命令行输入LA命令，按下Enter键，打开"图层特性管理器"面板，单击"图形状态管理器"按钮，如下左图所示。

步骤 02 在"图层状态管理器"对话框中单击"新建"按钮，如下右图所示。

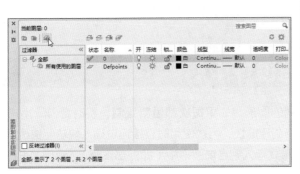

步骤 03 打开"要保存的新图层状态"对话框，输入新状态图层名称为"建筑设计"，如下左图所示。

步骤 04 单击"确定"按钮，返回"图层状态管理器"对话框，单击"输出"按钮，如下右图所示。

步骤 05 在弹出的"输出图层状态"对话框中选择好保存路径，单击"保存"按钮，即可完成图层保存输出操作，如下左图所示。

步骤 06 当下一次需要调用"建筑设计"图层时，打开"图层状态管理器"对话框，单击"输入"按钮，如下右图所示。

步骤 07 在"输入图层状态"对话框中选择文件类型为.las,选择"建筑设计"选项,单击"打开"按钮,建筑设计图层即被导入,如右图所示。

3.5　图块、外部参照与设计中心

在绘制图形时,经常需要使用内容相同的图形,如果每次都重新绘制,费时费力。用户可以使用AutoCAD提供的图块功能将重复使用的图形创建成块,再次使用时直接通过插入块功能快速添加到图形中。用户也可以把已有的图形文件以参照的形式插入到当前图形中(即外部参照),利用"设计中心"面板插入所需内容。

3.5.1　创建与编辑图块

创建块前,首先绘制创建成块的图形对象,然后通过"块"命令对其进行定义。创建完成后,再次使用此图形对象时即可直接调用,由于块在图层中是以独立的对象存在,所以用户在编辑块之前要先对其进行分解。

1. 图块概念

用户可以将块理解为包含一个或多个图形对象的结合体。在绘制复杂、重复的图形时,用户可以通过块将具有不同图层和特性信息的图形对象定义成块,方便以后使用。

2. 创建内部块

内部快是保存在某个图形文件内部的块,只有打开该图形文件时才能使用。用户可以在"默认"选项卡下"块"面板中单击"创建"按钮🔂或在菜单栏中执行"绘图>块>创建"命令,来创建内部块。

步骤 01 在命令行输入B命令并按下Enter键,打开"块定义"对话框,在"名称"文本框内输入块名称,如下左图所示。

步骤 02 单击"拾取点"按钮🔲,在绘图区域选择拾取点,在XYZ数值框内显示相关信息,如下右图所示。

步骤 03 然后单击"选择对象"按钮，如下左图所示。

步骤 04 在绘图区域选择电视机图形，按下Enter键，返回"块定义"对话框，如下右图所示。

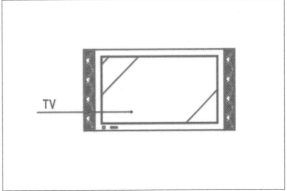

步骤 05 单击"确定"按钮，完成块创建，如下左图所示。

步骤 06 在"块"面板中单击"插入块"下三角按钮，查看已创建的块，如下右图所示。

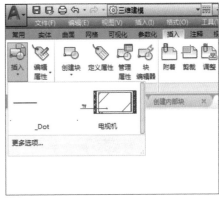

3. 创建外部块

外部块又称存储块，是块的另一种创建形式。外部块是将创建的块对象保存为一个新文件，之后在任意的图形文件中都可以使用，而内部快只能在创建块的图形文件中使用。用户可以在"插入"选项卡下"块定义"面板中单击"写块"按钮，在弹出的"写块"对话框创建块名。

步骤 01 在命令行输入W命令并按下Enter键，打开"写块"对话框，如下左图所示。

步骤 02 单击"拾取点"按钮，在绘图区域选择拾取点，在XYZ数值框中显示相关信息，如下右图所示。

步骤03 单击"选择对象"按钮，如下左图所示。

步骤04 在绘图区域选择沙发图形并按下Enter键，返回"写块"对话框，如下右图所示。

 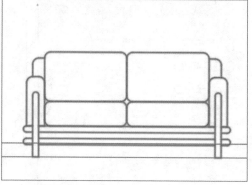

步骤05 单击"确定"按钮，完成块的创建，如下左图所示。

步骤06 在保存路径下查看已创建的外部块，如下右图所示。

4. 插入块

插入块是将创建好的内部块或外部块插入到新图形文件里，在插入时必须指定插入点、插入比例和旋转角度。插入块时，程序会将指定点当做块的插入点，用户也可以先打开原来的图形重新定义块，以改变插入点。在"默认"选项卡下"块"面板中单击"插入"按钮，或在菜单栏中执行"插入>块"命令，打开"插入"对话框。

步骤01 打开图形文件，在命令行中输入INSERT命令并按下Enter键，打开"插入"对话框，单击"浏览"按钮，如下左图所示。

步骤02 在弹出的"选择图形文件"对话框中选择"电视块"选项，单击"打开"按钮，如下右图所示。

步骤 03 返回"插入"对话框,单击"确定"按钮,如下左图所示。

步骤 04 在绘图区域选择插入点并单击,即可完成块的插入操作,如下右图所示。

 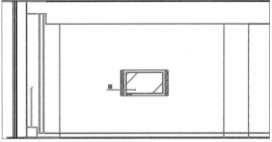

5. 编辑块

在创建块时,创建的块不仅包含图形对象,若块中包含属性定义时,属性就作为一种特殊文本被一起插入到块中。用户可以使用 "块属性管理器"对话框编辑之前定义的块属性,然后使用"增强属性管理器"工具将属性标记赋予新属性,使之符合图形对象的设置要求。

● **块属性管理器**

当绘制的图形文件中存在多个块且属性定义不同时,用户可以使用"块属性管理器"对话框重新设置属性定义,使所有的插入块都符合新图形对象的要求。在"插入"选项卡下"块定义"面板中单击"管理属性"按钮,或者直接在命令行输入BATTMAN命令,并按下Enter键,打开"块属性管理器"对话框。

步骤 01 在命令行输入BATTMAN命令并按下Enter键,打开"块属性管理器"对话框,选择要修改属性的块,单击"编辑"按钮,如下左图所示。

步骤 02 打开"编辑属性"对话框,选择要修改的属性并单击"确定"按钮,如下右图所示。

步骤 03 返回"块属性管理器"对话框,单击"设置"按钮,如下左图所示。

步骤 04 打开"块属性设置"对话框,勾选相应的属性复选框后单击"确定"按钮,如下右图所示。

 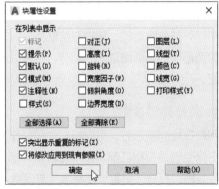

步骤05 返回"块属性管理器"对话框，单击"同步"按钮后，单击"确定"按钮完成块属性的编辑，如右图所示。

● 增强属性编辑器

当创建的块中包含文字内容时（又称数据块），用户可以根据需要对已经附着到块和插入图形的全部属性及其他特性进行编辑。在"插入"选项卡下"块"面板中单击"编辑属性"下拉按钮，在弹出的下拉列表中选择"单个"选项，或直接双击属性块，弹出"增强属性编辑器"对话框。

步骤01 在命令行中输入EATTEDTT命令，根据命令行提示选择需要编辑的块，打开"增强属性编辑器"对话框，如下左图所示。

步骤02 在"文字选项"选项卡下进行相应的设置，如下右图所示。

步骤03 切换至"特性"选项卡，对"图层"、"线型"、"颜色"等参数进行设置，如下左图所示。

步骤04 设置完成后单击"确定"按钮，完成编辑操作，如下右图所示。

3.5.2　使用外部参照

使用外部参照功能，用户在绘制图形时，可以将其他图形以块的形式插入正在绘制的图形文件中，将插入的图形作为当前图形的一部分，也可以参照插入的图形进行图形绘制，这样即提高绘图速度又节约存储空间。

1. 附着外部参照

用户在绘制图形时，可以将其他图形作为参照附着到当前图形中，在绘图的过程中同时参照其他用户的图形来查看是否相匹配。用户可以在"插入"选项卡下的"参照"面板中单击"附着"按钮，选择图形文件，即可打开"附着外部参照"对话框。

步骤 01 首先打开需插入附着外部参照的文件，如下左图所示。

步骤 02 在"插入"选项卡下的"参照"面板中单击"附着"按钮，在打开的"选择参照文件"对话框中选择所需图块，单击"打开"按钮，如下右图所示。

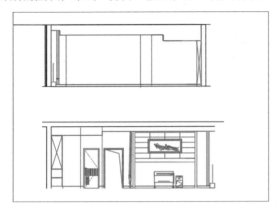

步骤 03 在"附着外部参照"对话框中根据需要设置显示比例、插入点等参数，在此保持默认设置，单击"确定"按钮，如下左图所示。

步骤 04 在绘图区域单击选择块插入点，完成附着外部参照操作，如下右图所示 。

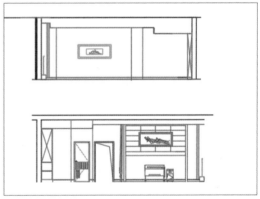

2. 绑定外部参照

　　用户在对包含外部参照图块的文件进行存储时，有两种保存方法，一种是将外部参照图块与当前的图形一起保存，这种存储方式要求二者始终保持在一起，任何对参照图块的修改都直接反映在当前图形中。另一种是将外部参照图块绑定至当前图形，为了避免第一种存储方式出现的因为修改参照图块而更新归档图形，通常选择第二种存储方式。

　　绑定外部参照图块到图形后，外部参照图块将成为图形的一部分，而不再是外部参照文件。选择外部参照图形，在菜单栏执行"插入>外部参照"命令，或者在"插入"选项卡下单击"参照"面板右下角的对话框启动器按钮，在弹出的"外部参照"面板中进行绑定外部参照操作。

3.5.3　使用设计中心

　　AutoCAD中的"设计中心"面板是为广大用户提供的一个类似于Windows系统的资源管理器，通过设计中心管理众多的图形资源，既直观又高效。比如浏览查找本地磁盘、网络或互联网的图形资源并通过设计中心打开，将图形文件及图形文件中包含的块、外部参照、图层、文字样式等信息展示出来，预览并快速插入到当前文件中。

1. "设计中心"面板

用户可以在"设计中心"面板中浏览、查找、预览以及插入块、图案填充和外部参照等内容。

用户可以执行"工具>选项板>设计中心"命令，或者在"视图"选项卡下的"选项板"面板中单击"设计中心"按钮，即可打开"设计中心"面板，如右图所示。

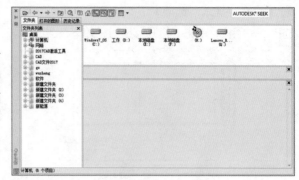

"设计中心"面板中各主要参数含义介绍如下。

- **加载**：单击"加载"按钮，将弹出"加载"对话框，选择预加载的文件。
- **打开图形文件**：该选项卡用于在设计中心显示当前绘图区中打开的所有图形，用户选中某个文件选项，即可查看与该图形有关的图层、线性、文字样式等设置。
- **历史记录**：该选项卡用于显示用户近期浏览的记录。
- **文件夹**：该选项卡主要用于显示导航图标的层次结构。

2. 插入设计中心内容

用户可以通过AutoCAD的"设计中心"面板，在当前图形中插入图块、引用图像和外部参照，或在图形之间复制图层、图块、线型或文字样式等内容。

步骤 01 打开"设计中心"面板，在"文件夹列表"选项框中，选择要插入为块的文件夹，如下左图所示。

步骤 02 在右侧区域中右击需要插入的图块图形，在打开的快捷菜单中选择"插入为块"命令，如下右图所示。

步骤 03 在打开的"插入"对话框中保持默认设置，单击"确定"按钮，如下左图所示。

步骤 04 在绘图区域选择插入基点并单击，完成块的插入操作，如下右图所示。

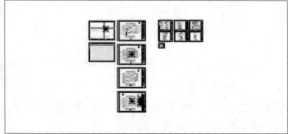

知识延伸：创建属性块

属性块包含图形对象和属性对象两部分，对只含有图形对象的块增加属性对象，可以使块中指定内容根据用户需要进行调整。创建属性块后，用户可以通过"定义属性"命令，先创建一个属性定义来描述属性特征，包括标记、提示符、属性值、文本样式等。执行"绘图>块>定义属性"命令或者在"默认"选项卡下的"块"面板中单击"定义属性"按钮，打开"属性定义"对话框。

步骤 01 单击快速访问工具栏中的"打开"按钮，打开"标高.dwg"素材文件，如下左图所示。

步骤 02 在命令行中输入ATTDEF命令并按Enter键，打开"属性定义"对话框，如下右图所示。

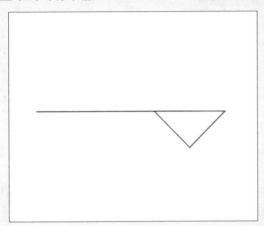 

步骤 03 然后在"标记"文本框中输入A，在"提示"文本框中输入"请输入高度"文本，在"文字高度"数值框中输入30，如下左图所示。

步骤 04 单击"确定"按钮，根据命令行提示在适当位置输入所需属性，双击标记A，输入标高值为3.5，如下右图所示。

 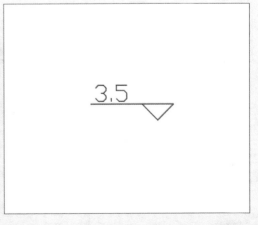

 ## 上机实训：为机械图添加尺寸标注及注释

尺寸标注能够清晰地反映标注对象的尺寸大小以及相对位置关系，是一项细致而繁琐的工作，也是实际生产中的重要依据。

步骤 01 打开"尺寸标注及注释.dwg"文件，在命令行中输入LA命令并按下Enter键，打开 "图层特性管理器"面板，新建"尺寸标注"图层并将此图层"置为当前"图层，然后新建"注释"图层，如下左图所示。

步骤 02 在命令行中输入D命令并按下Enter键，打开 "标注样式管理器"对话框，新建"机械尺寸标注"图层。单击"修改"按纽，打开修改标注样式对话框，设置箭头大小为4、文字高度为6、主单位精度为0，如下右图所示。

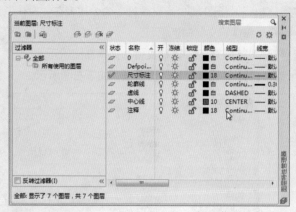

步骤 03 在命令行中输入ST命令并按下Enter键，打开 "文字样式"对话框，新建"机械注释"样式并设置文字高度，如下左图所示。

步骤 04 在"默认"选项卡下的"注释"面板中，设置标注和半径参数，对图形进行标注，如下右图所示。

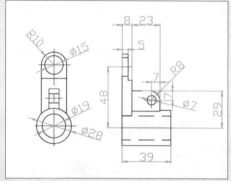

步骤 05 在命令行中输入LA命令并按下Enter键，打开 "图层特性管理器"面板，选择"注释"图层并将此图层置为当前图层，如下左图所示。

步骤 06 在"默认"选项卡下的"注释"面板中单击"多行文字"按钮，对文件进行注释，效果如下右图所示。

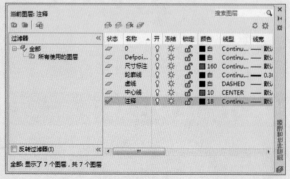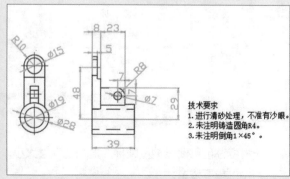

课后练习

1. 选择题

（1）在AutoCAD中设置文字样式不包括以下哪一项（　　）。

 A. 水平   B. 垂直   C. 反向   D. 颠倒

（2）用"单行文字"命令书写"度"时一样，应该使用（　　）。

 A. %%c   B. %%c   C. %%d   D. %%u

（3）执行多行文字的命令是（　　）。

 A. TEXT   B. QTEXT   C. MTEXT   D. WTEXT

（4）在"新建标注样式"对话框中，"文字"选项卡下的"分数高度比例"选项只有设置了（　　）选项后才能生效。

 A. 单位精度   B. 公差   C. 使用全局比例 D. 换算单位

（5）尺寸标注的快捷键是（　　）。

 A. DLI   B. D   C. DOC   D. DIM

（6）在AutoCAD中定义块属性的快捷键是（　　）。

 A. Ctrl+1   B. W   C. ATT   D. B

（7）下列哪个项目不是在"块属性管理器"对话框中修改的（　　）。

 A. 属性的可见性   B. 属性所在图层和属性的颜色

 C. 属性文字如何显示   D. 属性个数

（8）在AutoCAD中，打开"设计中心"面板的组合键是（　　）。

 A. Ctrl+1   B. Ctrl+2   C. Ctrl+3   D. Ctrl+4

2. 填空题

（1）在AutoCAD中使用＿＿＿＿＿＿命令，可以打开"文字样式"对话框。

（2）在AutoCAD中使用＿＿＿＿＿＿命令，可以打开"标注样式管理器"对话框。

（3）在工程制图时，一个完整的尺寸标注包括＿＿＿＿、＿＿＿＿、箭头和尺寸数字4部分。

（4）块是由一个或多个对象组成的＿＿＿＿＿，常用来绘制复杂、重复的图形。

（5）＿＿＿＿＿＿功能主要用于编辑块中定义的标记和值属性。

3. 上机题

  在菜单栏执行"文件>打开"命令，打开"课后练习上机题.dwg"素材文件，如下左图所示。首先将餐椅创建为内部块，然后通过插入块或执行复制、旋转、镜像操作，完成餐椅的摆放，如下右图所示。

 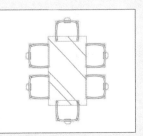

Chapter 04 创建三维模型

本章概述

本章主要阐述轴测图和三维绘图的基础知识，包括三维绘图的基本工作空间、三维坐标系、三维坐标系的形式与设置以及三维实体的显示控制等。通过本章知识的学习，使读者对三维绘图环境、坐标系创建和基本的三维实体创建等有一定的了解。

核心知识点

❶ 了解轴测图的画法

❷ 掌握三维坐标系形式及设置

❸ 掌握三维实体的显示控制

❹ 了解基础曲面与实体的画法

❺ 理解并掌握三维布尔运算方法

4.1 轴测图的绘制

对于一些简单物体的绘制，用户可以通过三视图较清晰地表现各部分效果，而且绘图方便，但是这种视图图样缺乏立体感，直观性差。为了弥补三视图视觉上的不足，工程上常采用富有立体感的轴测图来表达设计意图，以便用户观察整体效果。

4.1.1 轴测图的概念

轴测图是在平面中模拟三维绘图的一种形式，一种单面投影并能在投影面上同时反映出物体三个坐标面的形状，符合人的视觉习惯，效果更形象、真实、富有立体感，弥补正投影的不足。轴测图看似三维图形，实际上只是采用三维的绘图技术，模拟三维对象特性视角的三维投影效果，在绘图方法上有别于三维图形的绘制。

4.1.2 设置等轴测图绘图环境

AutoCAD在绘制轴测图之前，首先要创建一个特定的环境，即等轴测图绘图环境。用户可以在菜单栏执行"工具>绘图设置"命令；右击状态栏的"捕捉模式"按钮▦，选择"捕捉设置"选项；或执行命令行中的命令，打开"草图设置"对话框进行设置，具体如下。

步骤 01 单击快速访问工具栏中的"新建"按钮□，新建一个图形文件，在命令行中输入DS命令并按下Enter键，弹出"草图设置"对话框，如下左图所示。

步骤 02 在"极轴追踪"选项卡下设置"增量角"为30，选中"用所有极轴角设置追踪"单选按钮后，切换到"捕捉和栅格"选项卡，对等轴侧捕捉的相关参数进行设置，单击"确定"按钮完成设置，如下右图所示。

4.1.3 绘制轴测图

完成等轴侧图绘图环境设置后，用户可以通过切换绘图平面的方法在各个平面上绘制线、圆、圆弧和基本的轴测图。在绘图时，用户可以通过按下F5功能键或者Ctrl+E组合键，对俯视图、左视图、右视图进行灵活切换，也可以通过在命令行输入ISOPLANE命令后，输入L、T、R来切换不同的视图。

1. 绘制轴测直线

步骤 01 新建一个图形文件，在命令行输入DS并按下Enter键，弹出"草图设置"对话框，在"捕捉和栅格"选项卡下选择"等轴侧捕捉"单选按钮，如下左图所示。

步骤 02 在"极轴追踪"选项卡下设置"增量角"为30，并设置其他相关参数后，单击"确定"按钮完成设置，如下右图所示。

步骤 03 按F5功能键，将视图切换为左视平面，打开正交模式，调用"直线"命令，绘制左视平面，如下左图所示。

步骤 04 按F5功能键切换为俯视平面，打开正交模式，调用"复制"命令，选择左视图任意点为基点复制左视平面，移动距离为140，如下右图所示。

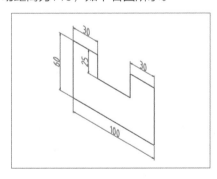
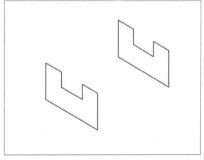

步骤 05 调用L"直线"命令，完成图形边线绘制，如下左图所示。

步骤 06 调用"修剪"和"删除"命令，删除不可见及多余线段，完成轴测图绘制，如下右图所示。

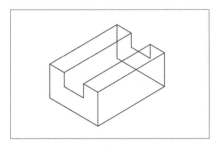
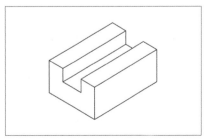

2. 绘制轴测圆和圆弧

平行于各个坐标面的圆，在投影到相应坐标面时都是以椭圆呈现的，且不同轴侧面圆的长短轴位置也不同。在AutoCAD中，轴测图是使用椭圆工具绘制等轴侧圆。在命令行输入ELLIPSE/EL并按Enter键即可。

步骤 01 单击快速访问工具栏中的"新建"按钮 ，新建一个图形文件。在命令行输入DS并按下Enter键，弹出"草图设置"对话框，在"捕捉和栅格"选项卡下选择"等轴侧捕捉"单选按钮，如下左图所示。

步骤 02 在"极轴追踪"选项卡设置增量角为30，并设置其他相关参数后，单击"确定"按钮完成设置，如下右图所示。

步骤 03 按F5功能键切换为俯视图，打开正交模式，调用"直线"命令，绘制俯视平面图，如下左图所示。

步骤 04 按F5功能键切换为左视图，打开正交模式，调用"复制"命令，选择俯视图的任意点为基点，复制俯视平面，移动距离为10，如下右图所示。

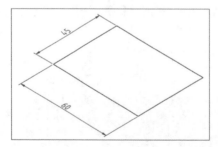 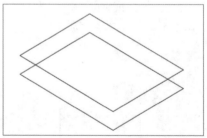

步骤 05 调用"直线"命令，完成图形边线绘制；调用"删除"命令，删除不可见线段，如下左图所示。

步骤 06 按F5功能键，将轴侧面切换到左视图，调用"直线"命令，结合"对象捕捉"命令捕捉中点，绘制两条辅助线。然后以其中一条辅助线的端点为中心，调用"椭圆"命令，绘制半径为30和半径为25的同心等轴侧圆，如下右图所示。

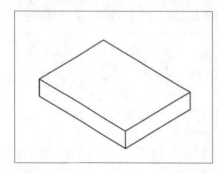 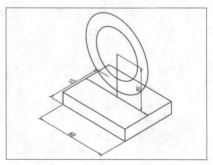

步骤07 调用"直线"命令，连接椭圆与底座；调用"修剪"及"删除"命令，修剪和删除不可见线段，如下左图所示。

步骤08 按F5功能键，切换至俯视图，打开正交模式，调用"复制"命令，选择左视图任意点为基点复制左视平面，前后移动距离均为12。调用"直线"命令，绘制等轴侧图的公切线，调用"修剪"及"删除"命令，修剪及删除不可见或多余线段，如下右图所示。

4.2 三维绘图基础

在三维CAD技术不断发展的今天，传统的二维平面视图难免让用户觉得不够直观、生动，为此AutoCAD对三维绘图功能进行了提升和完善。本小节主要针对三维绘图空间、三维坐标系、视点及其设置、三维实体显示控制等知识点进行逐一介绍，使读者对使用AutoCAD进行三维绘图的基本环境和坐标系创建有初步的了解。

4.2.1 三维建模工作空间

AutoCAD三维建模是一个立体的三维空间，其界面类似于二维的草图与注释空间，用户可以在此空间的任意位置设计三维模型。AutoCAD 2017提供了三维基础和三维建模两种三维建模工作空间，三维基础工作空间主要用于绘制基础三维模型，三维建模工作空间提供了更丰富的三维建模功能，可以完全满足用户简单和复杂的三维建模需求。

下面介绍绘图空间切换的操作方法，具体如下。

步骤01 单击快速访问工具栏中的"打开"按钮，打开"切换工作空间.dwg"素材文件，如下左图所示。

步骤02 单击状态栏中的"切换工作空间"下拉按钮，在弹出的列表中选择"三维建模"选项，即可实现绘图空间的切换，可见功能区为三维建模的相关功能，如下右图所示。

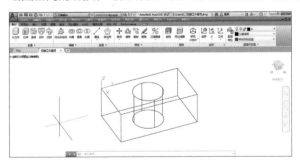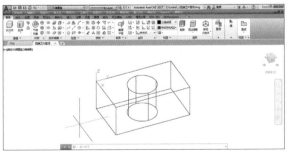

4.2.2 三维坐标系

AutoCAD的三维坐标系是由同一点发出的三条彼此垂直的坐标构成，分别称为X轴、Y轴和Z轴。三个坐标轴的交点称为坐标系的原点，同时也是三轴的原点，三个坐标轴正方向的点用坐标值度量，沿坐标轴负方向的点用负坐标值度量，因此三维空间中任意一点的位置都可以由三维坐标系确定。

1. 世界坐标系

在AutoCAD中，一般以屏幕左下角为坐标系的原点（0，0，0），X轴为水平轴，向右为正；Y轴为垂直轴，向上为正；Z轴垂直于XY平面并指向用户，这样的坐标系称为世界坐标系，此坐标系是固定不变的，在绘图过程中也不可进行更改。用户可以在功能区选择"默认"选项卡，单击"坐标"面板中的"世界"按钮，或者在命令行输入UCS命令，激活世界坐标系。

步骤 01 单击快速访问工具栏中的"打开"按钮，打开"世界坐标系.dwg"素材文件，如下左图所示。

步骤 02 执行"工具>新建UCS>世界（W）"命令，即可切换到世界坐标系，如下右图所示。

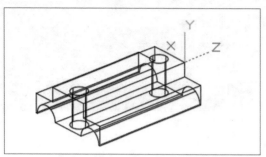
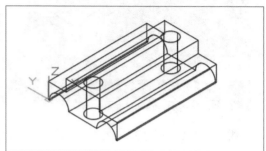

2. 用户坐标系

在AutoCAD中，用户坐标系是由用户根据绘图需要指定的。定义一个用户坐标系即改变原点的位置、XY平面以及Z轴的方向，它的建立使三维建模变的更方便。为了更好地辅助绘图，经常需要修改坐标系的原点位置和坐标方向，这就需要使用可变的用户坐标系。在默认的情况下，用户坐标系和世界坐标系统重合，用户可以在绘图过程中根据具体需要来定义用户坐标系。下面介绍设定用户坐标系的操作方法，具体如下。

步骤 01 单击快速访问工具栏中的"打开"按钮，打开"用户坐标系.dwg"素材文件，如下左图所示。

步骤 02 执行"工具>新建UCS>三点"命令，根据命令行提示指定新原点后，在X轴范围上指定点，然后指定XY平面上的点，完成用户坐标系设定，如下右图所示。

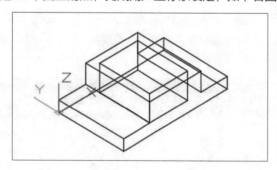
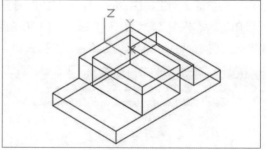

4.2.3 视点设置

用户在观察三维图形时，可以在不同的位置设置视点，观察同一模型不同方位的投影效果，从而使用户能够更详细地了解模型的结构和外形特征。视点预设就是通过输入一点的坐标值或者测量两个旋转角度来确定模型的观察方向，视点设置的操作方法介绍如下。

步骤 01 单击快速访问工具栏中的"打开"按钮，打开"用户坐标系.dwg"素材文件，如下左图所示。

步骤 02 在命令行输入VPOINT命令并按下Enter键，弹出"视点预设"对话框，如下右图所示。

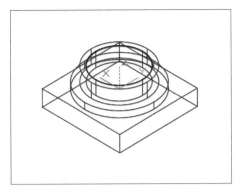 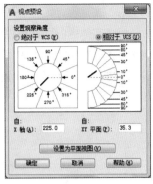

步骤 03 然后根据具体需要选择坐标并设置观察角度，如下左图所示。

步骤 04 单击"确定"按钮，查看设置的观察视点，如下右图所示。

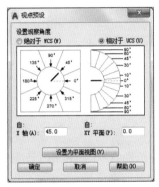 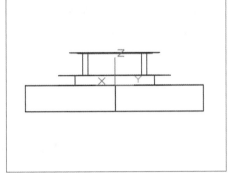

4.2.4 三维实体显示控制

三维实体显示控制包括曲面光滑度控制、曲面网格数量控制及网格显示密度控制等，下面将分别进行详细介绍。

1. 曲面光滑度控制

在绘图中使用消隐或视觉样式命令时，AutoCAD将用很多小矩形面来替代三维实体的真实曲面，这时用户可以通过曲面光滑控制来设置三维实体的表面光滑度，光滑度值越高显示将越平滑，但是系统的重生时间也会增长。

用户可以在功能区的 "常用"选项卡中单击"网格"面板中的"提高平滑度" ⬚或"降低平滑度"按钮⬚来进行设置。默认新建的网格长方体平滑度值为0.1，如下左图所示。每单击一次"提高平滑度"按钮，平滑度的值扩大10倍；每单击一次"降低平滑度"按钮，平滑度的值缩小10倍。平滑度值为1的效果，如下中图所示。平滑度值为10的效果，如下右图所示。

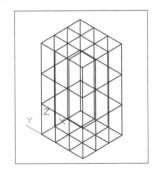 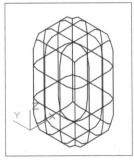 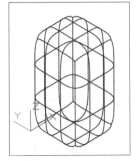

2. 曲面网格数量控制

在AutoCAD中，每个实体的曲面都是由曲面轮廓线表示的，轮廓线的多少直接影响显示效果，同时渲染图形的时间也和轮廓线数量成正比，曲面轮廓线默认值为4，如下左图所示。用户可以在命令行输入ISOLINES命令，来设置曲线网格数值。设置网格数量为8的效果，如下中图所示。设置网格数量为16的效果，如下右图所示。

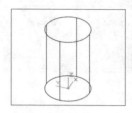  

3. 曲面网格显示密度的系统变量

三维线框显示的网格密度控制着曲面上镶嵌面的数量，AutoCAD系统内部定义M×N个顶点的矩阵，类似于由行和列组成的栅格。SURFTAB1命令为"直纹曲面"、"平移曲面"设置要生成的列表数目，同时为"旋转曲面"和"边界曲面"设置了在M方向上的网格密度。SURFTAB2命令为"旋转曲面"及"边界曲面"设置了在M方向上的网格密度。

4.2.5 绘制三维曲面

三维曲面是三维空间的表面，没有厚度和属性质量，由三维面命令创建的每个面各顶点可以有不同的Z坐标，但构成各个面的顶点不超过4个。三维曲面与三维实体的区别在于，三维曲面形体是空心的，而三维实体是实心的，本小节将对三维曲面的绘制方法进行详细地介绍。

1. 绘制旋转曲面

旋转曲面主要是用户根据实际需要，使用曲线或轮廓线按照指定的旋转轴旋转一定角度所形成的曲面。旋转轴可以是直线，也可以是二维/三维的多段线。用户可以在功能区的"网格"选项下单击"图元"面板中的"旋转曲面"按钮，或在命令行输入REVSURF命令来进行绘制。下面介绍绘制旋转曲面的操作方法，具体如下。

步骤 01 单击快速访问工具栏中的"打开"按钮，打开"绘制旋转曲面.dwg"素材文件，如下左图所示。

步骤 02 在命令行输入REVSURF命令并按下Enter键，根据命令行提示选择旋转对象及旋转轴后，设置旋转起始角度，即可生成旋转曲面，如下右图所示。

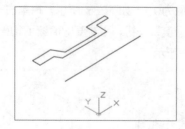 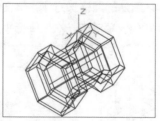

2. 绘制平移曲面

将路径曲线沿着矢量方向平移后构成的曲面称为平移曲面。路径曲线包括直线、圆、圆弧、椭圆、二维线段、样条曲线等，用户可以选择功能区的"网格"选项卡，单击"图元"面板中的"平移曲面"按钮来进行绘制，也可以通过命令行中的命令来绘制平移曲面，具体操作如下。

步骤 01 单击快速访问工具栏中的"打开"按钮，打开"绘制平移曲面.dwg"素材文件，如下左图所示。

步骤 02 在命令行输入SURFTAB1和SURFTAB2命令，设定值均为100。然后在命令行输入TABSURF命令并按Enter键，根据命令行提示选择用作轮廓线的对象及方向矢量对象，即可生成平移曲面，如下右图所示。

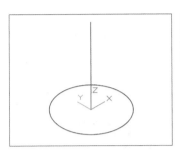 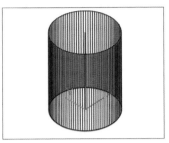

3. 绘制直纹曲面

　　直纹曲面主要适用于两条曲线间的直线连接，绘制直纹曲面时，作为直纹网格轨迹的两个对象必须同时开放或关闭。用户可以在功能区的"网格"选项卡下单击"图元"面板中的"直纹曲面"按钮，或使用命令行的命令进行绘制。

步骤 01 单击快速访问工具栏中的"打开"按钮，打开"绘制直纹曲面.dwg"素材文件，如下左图所示。

步骤 02 在命令行输入SURFTAB1及SURFTAB2命令，设定值均为20，然后输入RULESURF命令，根据命令行提示选择直纹曲面的两条边界线，即可生成直纹曲面，如下右图所示。

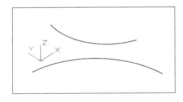 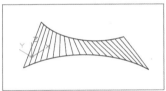

4. 绘制边界曲面

　　"边界曲面"命令主要用于将首尾相连的四条边创建成一个三维的多边形曲面，创建时需要依次选择边界线，边界线可以是圆弧、直线、多段线、样条曲线等。用户可以在功能区的"网格"选项下单击"图元"面板中的"边界曲面"按钮，或执行命令行中的命令进行绘制。

步骤 01 单击快速访问工具栏中的"打开"按钮，打开"绘制边界曲面.dwg"素材文件，如下左图所示。

步骤 02 然后在命令行输入SURFTAB1及SURFTAB2命令，设定值均为50，接着在命令行输入EDGESURF命令，根据命令行提示依次选择四条边，即可生成边界曲面，如下右图所示。

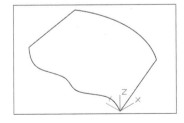 

4.2.6　绘制三维网格

　　绘制三维模型时，使用AutoCAD的"三维网格"命令，可以绘制一些不规则的曲面形状。三维网格模型包括对象的边界和表面，用户可以创建的网格模型有三维面、三维网格、旋转网格、平移网格、直纹网格等类型。在命令行输入3DMESH命令并按Enter，根据命令行提示分别输入M和N方向上的网格数量，然后分别指定顶点位置，顶点个数为M与N的乘积。

1. 设置网格特性

在进行三维网格对象创建过程中，用户可以在功能区的"网格"选项卡下单击"图元"面板中的对话框启动器按钮，在弹出的"网格图元选项"对话框中，设置网格对象每个标注的镶嵌密度，如下左图所示。在"网格"选项卡下单击"网格"面板中的对话框启动器按钮，将弹出"网格镶嵌选项"对话框，用户可以为转换为网格的三维实体或对象设定默认特性，如下右图所示。

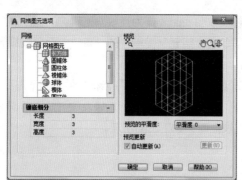 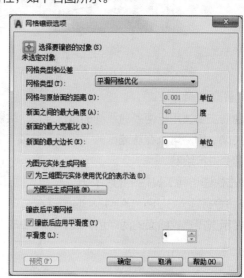

2. 绘制网格长方体

要绘制网格长方体，则用户可以在功能区的"网格"选项卡下单击"图元"面板中的"网格长方体"按钮，或者在命令行输入MESH命令，然后按下Enter键，根据命令行提示选择"长方体"选项并指定顶点和高度值即可，如下左图所示。

3. 绘制网格圆柱体

要绘制网格圆柱体，则用户可以在功能区的"网格"选项卡下单击"图元"面板中的"网格圆柱体"按钮，或者在命令行输入MESH命令并按下Enter键，根据命令行提示选择"圆柱体"选项后，指定半径/直径和高度值即可，如下右图所示。

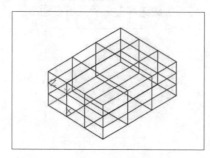 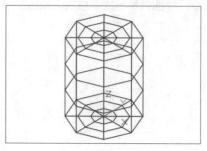

4. 绘制网格棱锥体

在AutoCAD中，用户可以创建最多32个、最少4个侧面的网络棱锥体。首先切换至功能区的"网格"选项卡下，单击"图元"面板中的"网格棱锥体"按钮，或者在命令行输入MESH命令，按下Enter键，根据命令行提示选择棱锥体并按下Enter键，根据命令行提示指定棱锥体的底面中心点、半径和高度值，如下左图所示。

5. 绘制网格楔体

默认情况下，网格楔体的底面与当前用户坐标的XY平面平行，高度与Z轴平行，用户可以选择功能区的"网格"选项卡，单击"图元"面板中的"网格棱楔体"按钮，或者在命令行输入MESH命令，按下Enter键，根据命令行提示选择"楔体"选项并按下Enter键，然后根据命令行提示指定角点及高度值，如下右图所示。

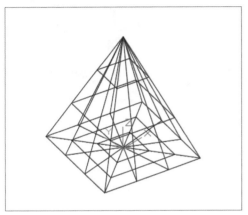 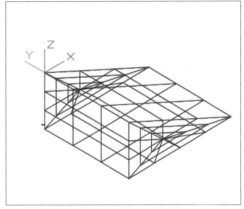

实战练习 设置三维实体的显示及视觉样式 ————————

用户可以通过执行"视图>视觉样式"命令，或者在"默认"选项卡下的"图层与视图"面板中单击"视觉样式"下拉按钮，选择相应的视觉样式即可。

步骤 01 单击快速访问工具栏中的"打开"按钮，打开"三维实体显示控制.dwg"素材文件，如下左图所示。

步骤 02 在命令行输入OP命令并按下Enter键，打开"选项"对话框的"显示"选项卡，根据需要设置显示精度，如下右图所示。

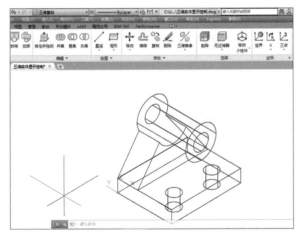 

步骤 03 在命令行输入HI并按下Enter键，执行消除命令，效果如下左图所示。

步骤 04 在命令行输入VSCURRENT命令并按下Enter键，在命令行输入G并按下Enter键，设置灰度视觉样式，效果如下右图所示。

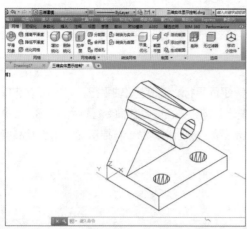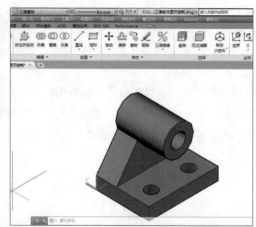

提示：视觉样式选择

除了灰度（G）视觉样式选项外，AutoCAD的三维实体显示还提供了二维线框（2）、线框（W）、隐藏（H）、真实（R）、概念（C）、差色（S）、带边缘着色（E）、勾画（SK）、射线（X）等显示效果，用户可以根据实际需要进行设置。

4.3 平面图形生成三维模型

用户除了可以通过基本的三维命令绘制三维实体模型外，还可以使用拉伸、放样，旋转、扫掠等命令将二维图形转换为三维实体模型。

4.3.1 拉伸实体

"拉伸"命令可以将绘制二维图形沿着某一路径或指定高度进行拉伸，形成三维实体模型。拉伸的对象包括封闭的多段线、基本的二维图形和封闭的样条曲线。用户可以通过执行"常用>建模>拉伸"命令，或在命令行中输入相应的命令来拉伸实体。

步骤 01 单击快速访问工具栏中的"打开"按钮，打开"拉伸实体.dwg"素材文件，如下左图所示。

步骤 02 在命令行输入EXTRUDE命令后，按下Enter键。根据据命令行提示选择拉伸对象后，按下Enter键。在命令行输入P并按下Enter键，根据命令行提示单击鼠标右键选择拉伸路径，完成拉伸实体操作，效果如下右图所示。

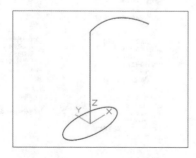

4.3.2 旋转实体

"旋转"命令是通过绕轴旋转二维对象来创建三维实体的，用户可以执行"常用>建模>旋转"命令，或根据命令行提示，选择选转对象，然后设置旋转轴和选转角度。

步骤01 单击快速访问工具栏中的"打开"按钮，打开"旋转实体.dwg"素材，如下左图所示。

步骤02 在命令行输入REVLVE命令并按下Enter键，根据据命令行提示选择旋转对象并按下Enter键，根据命令行提示选择旋转轴或是旋转轴的起点，这里选择X轴为旋转轴并设置旋转角度为360度，完成旋转实体操作，如下右图所示。

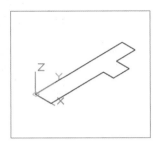 

4.3.3 放样实体

"放样"命令是使用两个或两个以上横截面轮廓线所生成的三维实体。用户可以执行"常用>建模>放样"命令，或在命令行中输入相应的命令来放样实体。

步骤01 单击快速访问工具栏中的"打开"按钮，打开"放样实体.dwg"素材文件，如下左图所示。

步骤02 在命令行输入LOFT命令并按下Enter键，按放样顺序依次选择截面后按下Enter键，选择"仅横截面"选项，完成放样实体操作，如下右图所示。

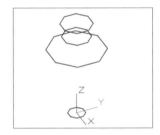 

4.3.4 扫掠实体

"扫掠"命令可以通过沿着开放或闭合的二维或三维路径，扫掠开放或闭合的平面曲线来创建新的三维实体。用户可以执行"常用>建模>扫掠"命令，或在命令行中输入相应的命令来扫掠实体。

步骤01 单击快速访问工具栏中的"打开"按钮，打开"扫掠实体.dwg"素材文件，如下左图所示。

步骤02 在命令行输入SWEEP命令，按下Enter键，根据命令行提示选择扫掠对象和扫掠路径，并设置显示样式为"概念"，完成扫掠实体操作，如下右图所示。

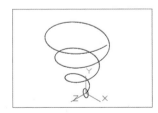 

4.3.5 按住并拖动实体

"按住并拖动"命令是通过选中对象的一个面域，对其进行拉伸操作来创建实体。用户可执行"常用>建模>按住并拖动"命令，或在命令行中输入相应的命令来创建实体。

步骤01 单击快速访问工具栏中的"打开"按钮，打开"按住并拖动实体.dwg"素材文件，如下左图所示。

步骤02 在命令行输入PRESSPULL命令并按Enter键，根据据命令行提示选择对象或边界区域，指定高度值，然后设置视觉样式为"概念"，效果如下右图所示。

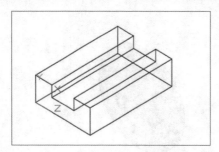 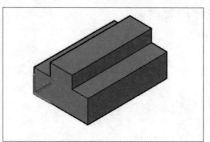

4.4　绘制三维实体

基本实体模型是绘制复杂模型最基础的元素，用户可以结合用户坐标系和基本实体模型，通过布尔运算来实现所需模型的创建，在AutoCAD软件中，基本实体包括长方体、圆柱体、球体、圆锥体、圆环体、多段体和楔体等，本小节主要介绍这些基本实体创建的操作方法。

4.4.1　创建长方体

在AutoCAD中，使用"长方体"命令可以绘制三维的长方体或立方体。用户可以通过选择"常用>建模>长方体▣"命令，或在命令行中输入相应的命令来长方体。

步骤01 单击快速访问工具栏中的"打开"按钮，打开"长方体绘制.dwg"素材文件，单击正交限制按钮▣，打开正交限制开关，在命令行输入BOX命令并按下Enter键，输入顶点坐标（0,0,0），如下左图所示。

步骤02 在命令行输入L命令，输入长度值为60，宽度值为40，高度值为40，按下Enter键完成长方体的绘制，如下右图所示。

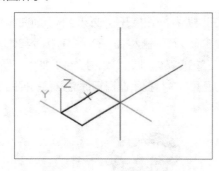 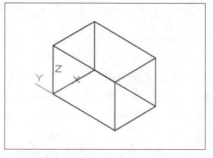

4.4.2　创建圆柱体

用户可以通过执行"常用>建模>圆柱体"命令▣，或在命令行输入CYLINDER命令并按下Enter键，根据命令行提示指定底面圆的圆心点、半径及高度值来创建圆柱体。

步骤01 单击快速访问工具栏中的"打开"按钮，打开"圆柱体绘制.dwg"素材文件，在命令行输入CYLINDER命令并按Enter键，输入底面圆的圆心为（0,0,0），如下左图所示。

步骤02 在命令行输入半径值为15，高度值为20，按下Enter键完成圆柱体的绘制，如下右图所示。

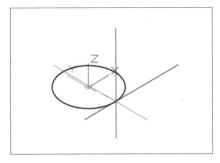
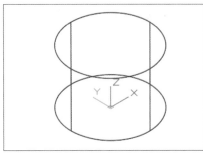

4.4.3 创建楔体

用户可以通过执行"常用>建模>楔体"命令 △ ，或在命令行输入WEDGE命令并按下Enter键，根据命令行提示指定底面圆的圆心点、半径及高度值即可。

步骤 01 打开"楔体绘制.dwg"素材文件，单击状态栏的正交限制 ∟ 按钮，在命令行输入WEDGE命令并按Enter键，根据命令行提示选定第一个顶点（0,0,0），如下左图所示。

步骤 02 单击任意点为其他顶点，并设定高度值，即可完成楔体绘制，如下右图所示。

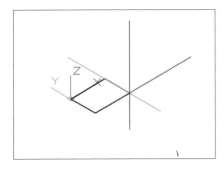
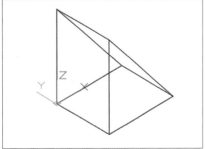

4.4.4 创建球体

用户可以通过执行"常用>建模>球体"命令 ○ ，或在命令行输入WEDGE命令并按Enter键，根据命令行提示指定底面圆的圆心点、半径及高度值来创建球体。

步骤 01 打开"球体绘制.dwg"素材文件，在命令行输入SPHERE命令并按Enter键，根据命令行提示指定中心点为（0,0,0），如下左图所示。

步骤 02 在命令行输入半径值为15，按下Enter键，即可完成球体的绘制，如下右图所示。

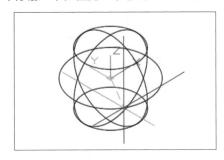
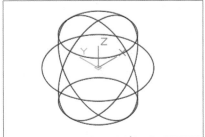

4.4.5 创建圆环体

用户可以通过执行"常用>建模>圆环体"命令 ○ ，或在命令行输入TORUS命令并按下Enter键，根据命令行提示指定中心点、半径及圆管半径的值来创建圆环体。

步骤 01 打开"圆环体绘制.dwg"素材文件，在命令行输入TORUS命令并按Enter键，根据命令行提示指定中心点（0,0,0），如下左图所示。

步骤 02 在命令行输入半径值为10并按Enter键，输入圆管半径为2，完成圆环的绘制，如下右图所示。

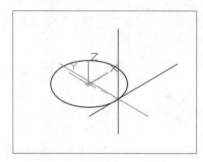 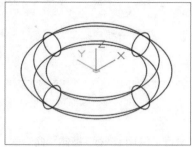

4.4.6 创建棱锥体

棱锥体是由3~32个侧面倾斜至一点的面组成的三维实体。用户可以通过执行"常用>建模>棱锥体"命令△，或在命令行输入PYRAMID命令，然后单击Enter确定键，根据命令行提示指定底面中心点、半径及高度值。

步骤 01 打开"棱锥体的绘制.dwg"素材文件，在命令行输入PYRAMID命令并按下Enter键，根据命令行提示指定底面中心点（0,0,0），然后按下Enter键，如下左图所示。

步骤 02 在任意点单击，设定半径及高度值，即可完成棱锥体的绘制，如下右图所示。

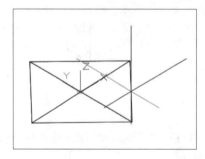 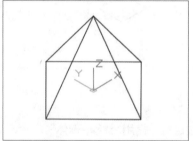

4.4.7 创建多段体

多段体的绘制方法与多段线相同，用户可以通过执行"常用>建模>多段体"命令▯，或在命令行输入POLYSOLID命令来进行创建。

步骤 01 打开"多段体的绘制.dwg"素材文件，单击状态栏的正交限制按钮⌐，打开正交限制，在命令行输入POLYSOLID命令并按Enter键，根据命令行提示指定起点（0,0,0），如下左图所示。

步骤 02 根据命令行提示指定下一点，并输入400，移动鼠标选择Y轴方向并输入80，移动鼠标选择X轴方向并输入200，按下Enter键并查看效果如下右图所示。

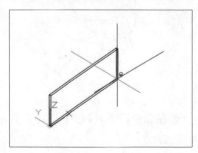 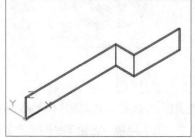

4.5 布尔运算

布尔运算在三维建模中是一项十分重要的功能，在创建复杂模型时经常使用该功能，两个或两个以上的对象通过加减的方式结合，从而生成的新实体。

4.5.1 并集操作

"并集"命令是对需要的对象进行求和，从而得到新的对象实体。新实体由各部分对象组成，没有相重合的部分。在AutoCAD中，用户可以通过以下方法执行"并集"命令。

- 执行"修改>实体编辑>并集"命令；
- 在"常用"选项卡的"实体编辑"面板中单击"并集"按钮⑩；

用户也可以在命令行中输入UNION命令来执行并集操作，具体如下。

步骤01 单击快速访问工具栏中的"打开"按钮，打开"并集.dwg"素材文件，如下左图所示。

步骤02 在命令行输入UNION命令，按下Enter键，根据命令行提示分别选中两个对象并按下Enter键，完成并集操作，如下右图所示。

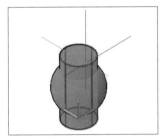
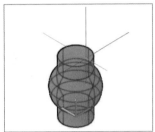

4.5.2 差集操作

"差集"命令是从一个或多个实体对象中减去其中一个或多个对象，得到新的实体，与并集功能相反。在AutoCAD中，用户可以通过以下方法执行"差集"命令。

- 执行"修改>实体编辑>差集"命令；
- 在"常用"选项卡的"实体编辑"面板中单击"差集"按钮⑩。

用户也可以在命令行中输入SUNTRACT命令来执行差集操作，具体如下。

步骤01 单击快速访问工具栏中的"打开"按钮，打开"差集.dwg"素材文件，如下左图所示。

步骤02 在命令行输入SUNTRACT命令，按下Enter键，根据命令行提示选择被减对象并按Enter键，选择减去对象后，按下Enter键完成差集操作，如下右图所示。

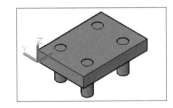

4.5.3 交集操作

"交集"命令是使用两个或两个以上实体对象的公共区域创建的复合实体，用户可以通过以下方法执行"交集"命令。

- 执行"修改>实体编辑>交集"命令；
- 在"常用"选项卡的"实体编辑"面板中单击"交集"按钮◎。

用户也可以在命令行中输入INTERSECT命令来执行差集操作，具体如下。

步骤 01 单击快速访问工具栏中的"打开"按钮，打开"交集.dwg"素材文件，如下左图所示。

步骤 02 在命令行输入INTERSECT命令并按下Enter键，根据命令行提示选择两个对象后，按下Enter键完成交集操作，如下右图所示。

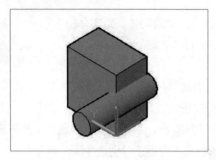 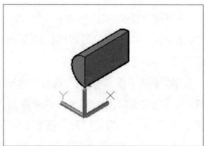

4.6　倒角边与圆角边

在进行三维模型创建过程中，经常需要对创建的对象进行倒角边及圆角边处理，从而满足预期的设计要求。三维的实体的"倒角"和"倒圆角"操作与二维图形的操作基本相同，本节将分别进行介绍。

4.6.1　倒角边

"倒角边"命令主要用于在三维实体建立斜角，不适于表面模型，提示顺序也与二维图形中的倒斜角不同。用户可以在功能区的"实体"选项卡下单击"实体编辑"面板中的"倒角边"按钮◐，或在命令行中输入相应的命令来执行倒角边操作。

步骤 01 单击快速访问工具栏中的"打开"按钮，打开"倒角边.dwg"素材文件，如下左图所示。

步骤 02 在命令行输入CHAMFEREDGE命令并按Enter键，根据命令行提示选在"距离"选项，指定距离为1:20，然后选择倒角边，按两次Enter键，完成倒角边操作，如下右图所示。

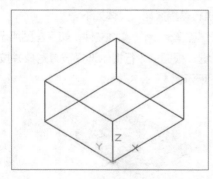 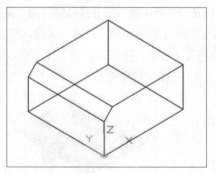

4.6.2　圆角边

"圆角边"命令主要用对三维实体的棱角进行指定半径倒圆角操作。用户可以在功能区的"实体"选项卡下单击"实体编辑"面板中的"圆角边"按钮◐，或在命令行中输入相应的命令来执行圆角边操作。

步骤 01 单击快速访问工具栏中的"打开"按钮，打开"圆角边.dwg"素材文件，如下左图所示。

步骤 02 在命令行输入FILLETEDGE命令，按下Enter键，根据命令行提示，输入半径值为8并按下Enter键，选择倒角边，效果如下右图所示。

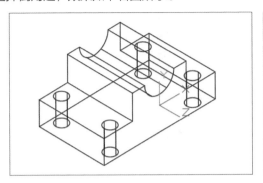 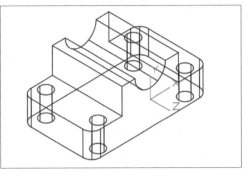

 知识延伸：在轴测图中输入文字

在等轴侧图中不能直接生成文字的等轴测投影，如果用户需要在轴测图中输入文本，并且使该文本与相应的轴测面保持协调一致，则必须将文本倾斜或旋转一定的角度。

步骤 01 单击快速访问工具栏中的"打开"按钮，打开"知识延伸.dwg"素材文件，如下左图所示。

步骤 02 在命令行输入ST命令并按Enter键，系统将自动弹出"文字样式"对话框，在"字体名"下拉列表中选择"宋体"选项，设置倾斜角度为-30°，如下右图所示。

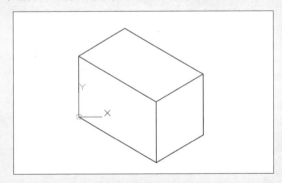 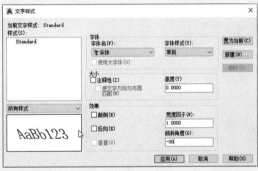

步骤 03 在"高度"数值框中输入10，设置"倾斜角度为30，单击"应用"按钮，如下左图所示。

步骤 04 按F5功能键，将轴测面切换成俯视平面，在命令行输入DT命令并按Enter键，根据命令行提示分别指定文字基线的第一点和第二点，然后在文本编辑框中编辑文本，如下右图所示。

 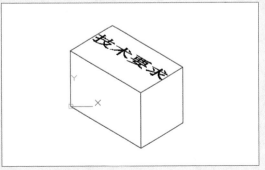

上机实训：创建三维实体模型

　　学习了三维基础与三维建模的相关知识后，本实例将综合介绍三维实体的创建过程。用户在创建三维实体时，一定要注意灵活使用三维坐标系及三维建模的镜像、合并、差集、剖切等命令，针对所创建的三维实体特点进行灵活处理。

步骤 01 单击快速访问工具栏中的"新建"按钮，在弹出的"选择样板"对话框中选择acadiso选项，单击"打开"按钮，如下左图所示。

步骤 02 选择绘图区右上角的ViewCube工具，单击"西南等轴侧"按钮 ，执行"常用>建模>长方体"命令，根据命令行提示创建长为120，宽为60，高为20的长方体，如下右图所示。

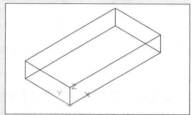

步骤 03 在命令行输入UCS命令，设置用户坐标系，如下左图所示。

步骤 04 执行"常用>建模>圆柱体"命令，在此坐标系下分别创建半径为25和20，长度为40的圆柱体，如下右图所示。

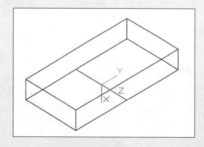
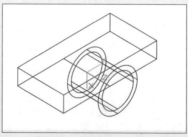

步骤 05 执行"常用>修改>三维镜像"命令，完成新建圆柱体的三维镜像操作，根据命令行提示选择保存的源对象，执行"常用>实体编辑>并集"命令，将镜像实体与源对象合并，如下左图所示。

步骤 06 执行"常用>实体编辑>并集/差集/剖切"命令，将大圆柱与长方体合并，并与小圆柱差集运算后，调用"剖切"命令，将长方体底面以下切除，如下右图所示。

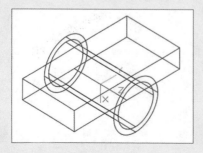
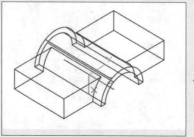

步骤 07 在命令行输入UCS命令，设置用户坐标，如下左图所示。

步骤 08 执行"常用>建模>长方体"命令，创建长为10、宽为15、高为55的长方体，并执行"常用>修改>三维镜像"命令，完成三维镜像操作后，执行"常用>实体编辑>并集"命令，如下右图所示。

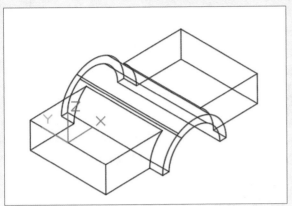
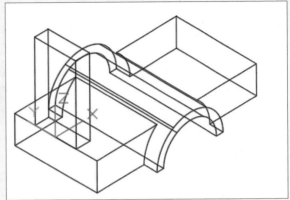

步骤 09 在命令行输入UCS命令，设置用户坐标，如下左图所示。

步骤 10 执行"常用>建模>圆柱体"命令，创建半径为10、高为15的圆柱，并执行"常用>实体编辑>差集"命令，如下右图所示。

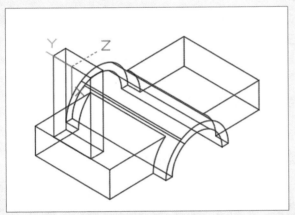
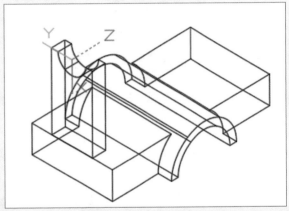

步骤 11 执行"常用>修改>三维镜像"命令，选择镜像对象，完成镜像且保存源对象后，执行"常用>实体编辑>合并"命令，整体合并后的效果如下左图所示。

步骤 12 执行"实体>实体编辑>圆角边"命令，对长方体4个角执行半径为2.5的倒圆角操作，完成三维模型创建，效果如下右图所示。

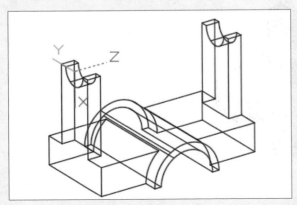
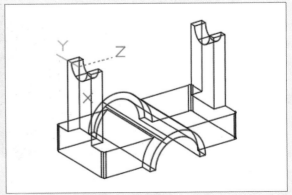

课后练习

1. 选择题

（1）在AutoCAD中，不能使用下面哪种图形生成三维图形（　　）。

    A. 多段线   B. 面域   C. 闭合样条曲线   D. 点

（2）在AutoCAD中使用（　　）命令可以创建用户坐标系。

    A. UCS   B. U   C. S   D. W

（3）创建球体时，不能使用以下哪一个命令定义球体（　　）。

    A. 两点   B. 一点   C. 三点   D. 相切，相切，半径

（4）使用（　　）命令，可以将二维闭合图形以中心轴为旋转中心进行旋转，从而形成三维实体。

    A. 拉伸   B. 扫掠   C. 旋转   D. 放样

（5）编辑多边形网格时，变量SURFTYPE不包含下列哪个值（　　）。

    A. 5   B. 10   C. 8   D. 6

2. 填空题

（1）在AutoCAD中，三维坐标系分为＿＿＿＿＿＿＿和世界坐标系两种。

（2）＿＿＿＿＿＿＿命令可以从两个以上重叠实体的公共部分创建复合实体。

（3）AutoCAD提供了两种三维建模工作空间，即三维基础和＿＿＿＿＿＿＿。

（4）＿＿＿＿＿＿＿命令就是将需要的对象进行求和，从而得到新的对象实体，新实体由各部分对象组成，没有相重合的部分。

（5）＿＿＿＿＿＿＿命令是将两个或两个以上实体对象的公共区域创建复合实体。

3. 上机题

在菜单栏中执行"文件>打开"命令，打开"课后练习上机题.dwg"素材文件，如下图所示。然后根据需要执行以下操作：

- 灵活使用用户坐标系，创建底部的长方体及圆柱体；
- 灵活使用并集、差集、剖切等命令，创建对象的布尔运算；
- 根据平面图拉伸处理上部支撑；
- 对形状进行倒角处理。

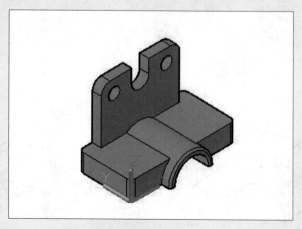

Chapter 05 编辑三维模型

本章概述

本章将对AutoCAD中三维模型的创建操作进行介绍，包括在三维空间中移动、复制、镜像、对齐、阵列、剖切等，以获取实体截面并编辑面、边、体。同时用户还可以通过添加光源和贴图材质等，对三维模型进行渲染，以达到更加真实的效果。

核心知识点

❶ 掌握三维模型的编辑操作
❷ 掌握基本光源的添加操作
❸ 掌握三维模型形状的更改操作
❹ 了解材质和贴图的设置操作
❺ 了解三维模型的渲染操作

5.1　三维模型的基本操作

在AutoCAD中创建三维对象时，用户可以使用三维建模环境的实体编辑功能，对创建的三维对象进行平移、旋转、对齐、镜像、阵列等操作，使创建的三维对象满足用户需求。

5.1.1　移动三维对象

"三维移动"命令可以将实体在三维空间中根据需要进行移动，移动到指定基点后指定目标空间点即可。用户可以使用方法执行"三维移动"命令。

- 执行"修改>三维操作>三维移动"命令；
- 在"常用"选项卡下的"修改"面板中单击"三维移动"按钮⊙；
- 在命令行输入3DMOVE命令来执行"三维移动"操作，具体方法如下。

步骤 01 单击快速访问工具栏中的"打开"按钮，打开"移动三维对象.dwg"素材文件，如下左图所示。

步骤 02 在命令行输入3DMOVE命令并按下Enter键，根据命令行提示指定基点，然后指定第二点即可，如下右图所示。

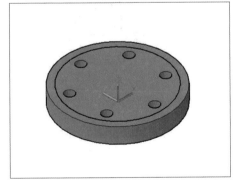 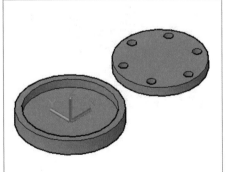

5.1.2　旋转三维对象

"三维旋转"命令可以将选择的三维对象沿着三维空间定义的任何轴（X轴、Y轴、Z轴）按照设置的角度进行旋转。用户可以通过以下方法执行"三维旋转"命令。

- 执行"修改>三维操作>三维旋转"命令；
- 在"常用"选项卡下的"修改"面板中单击"三维旋转"按钮⊕；

● 在命令行中输入3DROTATE命令来执行"三维旋转"操作，具体如下。

步骤 01 单击快速访问工具栏中的"打开"按钮，打开"旋转三维对象.dwg"素材文件，如下左图所示。

步骤 02 在命令输入3DROTATE命令并按下Enter键，根据命令行提示指定基点，拾取旋转轴并设定旋转角度，效果如下右图所示。

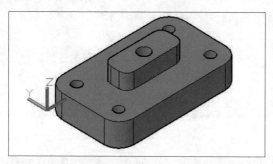 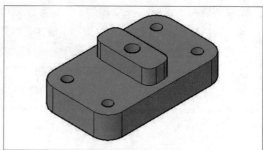

5.1.3 对齐三维对象

"三维对齐"命令可以将两个三维对象（即三维空间的源对象）与目标对象根据指定的对应点进行对齐，用户可以通过以下操作执行"三维对齐"命令。

● 执行"修改>三维操作>三维对齐"命令；

● 在"常用"选项卡下的"修改"面板中单击"三维对齐"按钮 ；

● 通过在命令行中输入3DALIGN命令来执行"三维对齐"操作，具体如下。

步骤 01 单击快速访问工具栏中的"打开"按钮，打开"对齐三维对象.dwg"素材文件，如下左图所示。

步骤 02 在命令行输入3DALIGN命令并按下Enter键，根据命令行提示依次选择基点、第二点、第三点、目标第一点、目标第二点、目标第三点，完成对齐三维对象操作，如下右图所示。

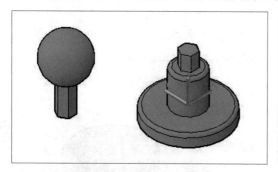 

5.1.4 镜像三维对象

"三维镜像"命令主要用于创建以镜像平面对称的三维对象，用户可以通过以下操作执行"三维镜像"命令。

● 执行"修改>三维操作>三维镜像"命令；

● 在"常用"选项卡下的"修改"面板中单击"三维镜像"按钮 ；

● 通过在命令行行输入MIRROR3D命令来执行"三维镜像"操作，具体如下。

步骤 01 单击快速访问工具栏中的"打开"按钮，打开"镜像三维对象.dwg"素材文件，如下左图所示。

步骤 02 在命令行中输入MIRROR3D命令并按下Enter键，根据命令行提示选择镜像对象，按下Enter键后，指定三点为镜像平面，输入N不删除源对象，单击Enter确定键，完成镜像操作，如下右图所示。

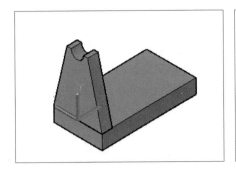 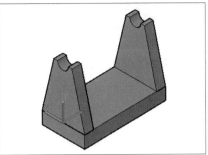

5.1.5　阵列三维对象

三维阵列包括矩形阵列和环形阵列两种，三维环形阵列是围绕旋转轴按逆时针或者顺时针方向阵列复制选择对象；三维矩形阵列是在设定行数、列数、层数的矩形阵列复制选择的对象。用户可以通过以下操作执行"三维阵列"命令。

- 执行"修改>三维操作>三维阵列"命令；
- 在"常用"选项卡下的"修改"面板中单击"三维阵列"按钮💱；
- 通过在命令行输入3DARRAY命令来执行"三维阵列"操作，具体如下。

1. 环形阵列

步骤01 单击快速访问工具栏中的"打开"按钮，打开"环形阵列.dwg"素材文件，如下左图所示。

步骤02 在命令行中输入3DARRAY命令并按Enter键，根据命令行提示选择环形阵列选项，输入阵列个数为6，设定填充角度为360度，输入N并按Enter键，然后指定阵列中心点（0,0,0），在旋转轴（Z轴）上任意位置单击即可，如下右图所示。

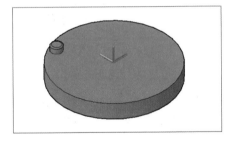 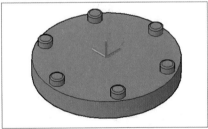

2. 矩形矩阵

步骤01 单击快速访问工具栏中的"打开"按钮，打开"矩形阵列.dwg"素材文件，如下左图所示。

步骤02 在命令行中输入3DARRAY命令并按Enter键，根据命令行提示选择矩形阵列，输入行数为2并按下Enter键，然后输入列数为2并按下Enter键，设置层数为1并按下Enter键，指定行间距为160并按下Enter键，指定列间距为160并按下Enter键，如下右图所示。

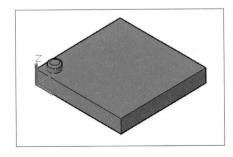 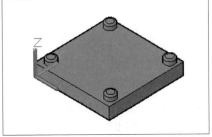

实战练习 创建机械零件三维模型

用户在创建三维机械零件三维模型时，可以在创建前针对模型的特点大致规划一下实施的创建步骤。一般的三维机械模型都有一定的自身特点和规律，针对模型的不同特点选择不同的工具和创建步骤，以提高绘图效率。

步骤01 单击快速访问工具栏中的"打开"按钮，打开"案例1 创建机械零件三维模型.dwg"素材文件，如下左图所示。

步骤02 在命令行中输入ARRAYRECT命令并按Enter键，根据命令行提示选择矩形阵列，输入行数为2，指定行间距为-140，列数为2，指定列间距为260，如下右图所示。

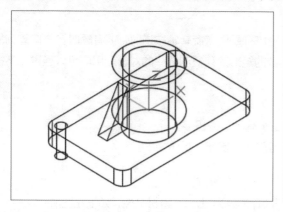
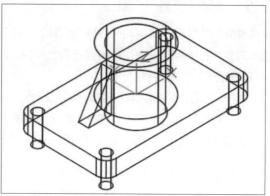

步骤03 在命令行输入MIRROR3D命令，根据命令行提示完成镜像操作，如下左图所示。

步骤04 调用差集命令完善三维对象的创建，如下右图所示。

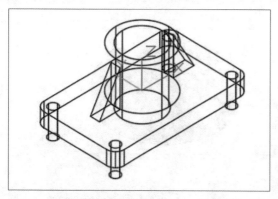
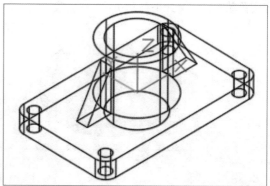

5.1.6 编辑三维实体边

用户在创建三维对象时，可以根据需要改变对象边的颜色或复制三维实体对象的各个边。三维对象的所有边都可以通过复制操作，生成需要的直线、圆弧、圆、椭圆或样条曲线等。

1. 着边色

用户在创建三维对象后，可以在"选择颜色"对话框中选取颜色，对实体边进行着色。用户可以通过以下操作来执行"着边色"命令。

- 执行"修改>实体编辑>着边色"命令；
- 在"常用"选项卡下的"实体编辑"面板中单击"着边色"按钮 ；
- 通过在命令行输入SOLIDEDIT命令来执行"着边色"操作，具体如下。

步骤 01 单击快速访问工具栏中的"打开"按钮，打开"着边色.dwg"素材文件，如下左图所示。

步骤 02 在命令行输入SOLIDEDIT命令并按下Enter键，根据命令行提示选择"边（E）"选项后，选择"着色（L）" 选项，根据命令行提示选择着色边并按下Enter键，在弹出的"选择颜色"对话框中选择所需颜色，单击"确定"按钮，如下右图所示。

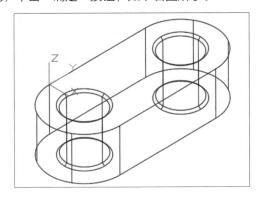 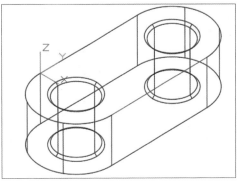

2.复制边

在创建三维对象过程中，若新创建对象模型的单个或多个边与已创建的对象相同，可以直接复制已有对象的单边或多边并偏移其位置，从而使用这些边创建新的图形对象。用户可以通过以下操作来执行"复制边"命令。

- 执行"修改>实体编辑>复制边"命令；
- 在"常用"选项卡下的"实体编辑"面板中单击"复制边"按钮□；
- 通过在命令行中输入SOLIDEDIT命令来执行"复制边"操作，具体如下。

步骤 01 单击快速访问工具栏中的"打开"按钮，打开"复制边.dwg"素材文件，如下左图所示。

步骤 02 在命令行输入SOLIDEDIT命令并按下Enter键，根据命令行提示选择"边（E）"选项后，选择"复制（C）" 选项，根据命令行提示选择要复制的边并按Enter键，指定基点或位移，完成边的复制操作，如下右图所示。

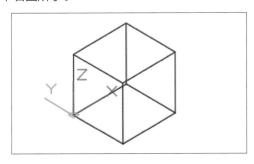 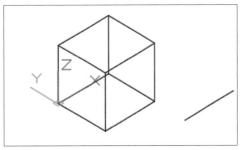

5.1.7 编辑三维实体

在创建三维对象过程中，用户可以对三维实体表面进行编辑操作，如拉伸、移动、旋转、偏移等，从而改变实体模型的尺寸和形状。

1. 拉伸面

拉伸面指的是用户在创建三维对象时，使用已有的三维对象模型的表面直接拉伸到某一高度或沿着一条路径进行拉伸，也可以将选择的表面按一定的角度进行拉伸。用户可以通过以下操作来执行"拉伸面"命令。

- 执行"修改>实体编辑>拉伸面"命令；
- 在"常用"选项卡下的"实体编辑"面板中单击"拉伸面"按钮█，或在"实体"选项卡下的"实体编辑"面板中单击"拉伸面"按钮█；
- 通过在命令行输入SOLIDEDIT命令来执行"拉伸面"操作，具体如下。

步骤 01 单击快速访问工具栏中的"打开"按钮，打开"拉伸面.dwg"素材文件，如下左图所示。

步骤 02 在命令输入SOLIDEDIT命令并按下Enter键，根据命令行提示选择"面（F）"选项后，选择"拉伸（E）"选项，根据提示选择拉伸面并按下Enter键，根据命令行提示指定拉伸高度及倾斜角度，按两次Enter键，完成拉伸面操作，如下右图所示。

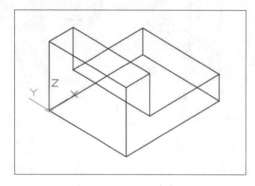 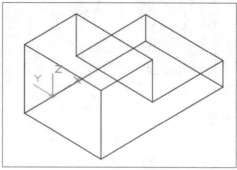

2. 移动面

移动面是指用户根据指定的高度或距离移动三维模型的选定面，可以一次移动一个或多个面，该操作只能改变面的位置不能改变面的方向。用户可以通过以下操作来执行"移动面"命令。

- 在"常用"选项卡下的"实体编辑"面板中单击"移动面"按钮█；
- 在"实体"选项下的"实体编辑"面板中单击"移动面"按钮█；
- 通过在命令行中输入SOLIDEDIT命令来执行"移动面"操作，具体如下。

步骤 01 单击快速访问工具栏中的"打开"按钮，打开"移动面.dwg"素材文件，如下左图所示。

步骤 02 执行"修改>实体编辑>移动面"命令并按下Enter键，根据命令行提示选择需要移动的面，按下Enter键，指定基点或位移，单击坐标原点，根据提示在Y轴正轴上指定第二点，按下两次Enter键，效果如下右图所示。

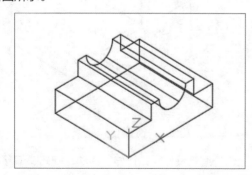 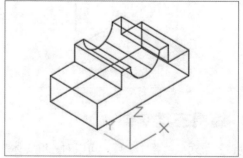

3. 旋转面

旋转面是指用户可以选定三维模型的某个面，然后按照选定的轴旋转指定的角度来创建新的面。用户可以通过以下操作来执行"旋转面"命令。

- 在"常用"选项卡下的"实体编辑"面板中单击"旋转面"按钮█；
- 通过在命令行输入SOLIDEDIT命令来执行"旋转面"操作，具体如下。

步骤01 单击快速访问工具栏中的"打开"按钮，打开"移动面.dwg"素材文件，如下左图所示。

步骤02 执行"修改>实体编辑>旋转面"命令并按下Enter键，根据命令行提示选中需要旋转的面，按下Enter键，指定X轴为旋转轴，指定旋转原点为选择面的圆心，设置旋转角度为30度，按两次Enter键完成旋转操作，如下右图所示。

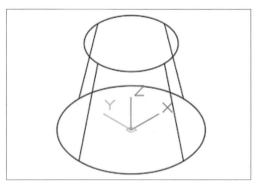
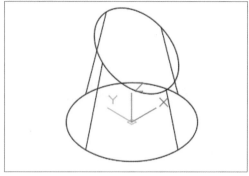

4. 偏移面

偏移面是指对选定面通过指定距离或指定点均匀偏移的面。正值会增大三维实体的大小，负值会减小三维实体的大小，但是相邻面与偏移面的角度不会改变。用户可以通过以下操作执行"偏移面"操作。

- 执行"修改>实体编辑>偏移面"命令；
- 在"常用"选项卡下的"实体编辑"面板中单击"偏移面"按钮 ；
- 在"实体"选项卡下的"实体编辑"面板中单击"偏移面"按钮 ；
- 通过在命令行输入SOLIDEDIT命令来执行"偏移面"操作，具体如下。

步骤01 单击快速访问工具栏中的"打开"按钮，打开"偏移面.dwg"素材文件，如下左图所示。

步骤02 在命令行中输入SOLIDEDIT命令并按下Enter键，根据命令行提示选择"面（F）"选项后，选择"偏移（O）"选项，根据提示选择需要偏移的面，按下Enter键，在命令行输入4并按下Enter键后，按下Esc键完成偏移面操作，如下右图所示。

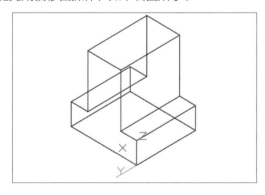
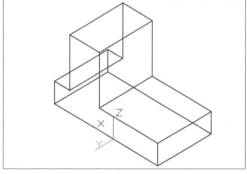

5. 倾斜面

倾斜面是通过调用"倾斜面"命令，按照指定的角度倾斜三维模型上的面，倾斜角的旋转方向由选择的基点和第二点顺序决定。用户可以通过以下操作来执行"倾斜面"命令。

- 执行"修改>实体编辑>倾斜面"命令；
- 在"常用"选项卡下的"实体编辑"面板中单击"倾斜面"按钮 ；
- 在"实体"选项卡下的"实体编辑"面板中单击"倾斜面"按钮 ；
- 通过在命令行中输入SOLIDEDIT命令来执行"倾斜面"操作，具体如下。

步骤 01 单击快速访问工具栏中的"打开"按钮，打开"倾斜面.dwg"素材文件，如下左图所示。

步骤 02 在命令输入SOLIDEDIT命令，按下Enter键，根据命令行提示选择"面（F）"选项后，选择"倾斜（T）"选项，选择需要倾斜的面，按下Enter键，根据命令提示选择UCS原点为基点，在Y轴的正方向设定倾斜轴的另一点，输入倾斜角度为8，按下Enter键，完成倾斜面操作，如下右图所示。

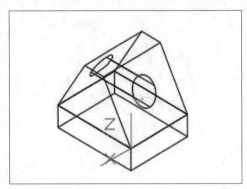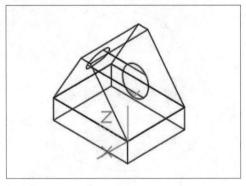

6. 删除面

删除面是指用户在创建三维模型过程中，删除实体表面、圆角等实体特征的操作。用户可以通过以下操作来执行"删除面"命令。

● 执行"修改>实体编辑>删除面"命令；

● 在"常用"选项卡下的"实体编辑"面板中单击"删除面"按钮 ；

● 通过在命令行中输入SOLIDEDIT命令来执行"删除面"操作，具体如下。

步骤 01 单击快速访问工具栏中的"打开"按钮，打开"删除面.dwg"素材文件，如下左图所示。

步骤 02 在命令行中输入SOLIDEDIT命令，按下Enter键，根据命令行提示选择"面（F）"选项后，选择"删除（D）"选项，然后选择需要删除的面，按下Enter键，完成删除面操作，如下右图所示。

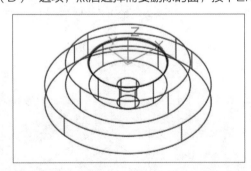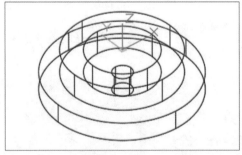

7. 复制面

复制面是指在创建三维模型时，通过复制实体面来创建新的实体。用户可以通过以下操作来执行"复制面"操作。

● 执行"修改>实体编辑>复制面"命令；

● 在"常用"选项卡下的"实体编辑"面板中单击"复制面"按钮 ；

● 通过在命令行中输入SOLIDEDIT命令来执行"复制面"操作，具体如下。

步骤 01 单击快速访问工具栏中的"打开"按钮，打开"复制面.dwg"素材文件，如下左图所示。

步骤 02 在命令输入SOLIDEDIT命令，按下Enter键，根据命令行提示选择"面（F）"选项后，选择"复制（C）"选项，然后选择需要复制的面，按下Enter键，选择基点及第二点，完成复制面操作，如下右图所示。

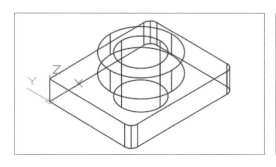 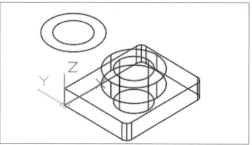

8. 着色面

着色面主要是用于改变三维模型实体表面的颜色，方便用户查看复杂三维模型的内部细节。用户可以通过以下操作来执行"着色面"命令。

● 选择"修改>实体编辑>着色面"命令；
● 在"常用"选项卡下的"实体编辑"面板中单击"着色面"按钮；
● 通过在命令输入SOLIDEDIT命令来执行"着色面"操作，具体如下。

步骤 01 单击快速访问工具栏中的"打开"按钮，打开"着色面.dwg"素材文件，如下左图所示。

步骤 02 在命令行中输入SOLIDEDIT命令并按下Enter键，根据命令行提示选择"面（F）"选项后，选择"颜色（L）"选项，然后选择需要着色的面，按下Enter键，在弹出的"选择颜色"对话框中选择所需的颜色，完成着色面操作，如下右图所示。

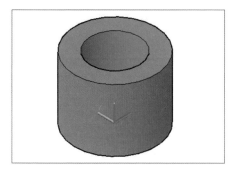 

5.2 更改三维模型形状

用户在进行三维模型编辑时，不仅可以对三维对象进行倒圆角、倒直角等操作，还可以对三维实体进行剖切、抽壳等操作。

5.2.1 剖切三维实体

用户可以使用"剖切"命令，对现有实体执行剖切操作来创建新实体。剖切可以通过多种方式定义剪切平面，包括指定点、曲面或平面对象。实体被剖切后，可以保留一半或者全部，剖切的实体依旧保留原有实体的属性及颜色特性。用户可以通过以下操作来执行"剖切"命令。

● 在"常用"选项卡下的"实体编辑"面板中单击"剖切"按钮；
● 在"实体"选项卡下的"实体编辑"面板中单击"剖切"按钮；
● 执行"修改>三维操作>剖切"命令；
● 通过在命令行输入SLICE命令来执行"剖切"命令，具体操作如下。

步骤01 单击快速访问工具栏中的"打开"按钮，打开"剖切.dwg"素材文件，如下左图所示。

步骤02 在命令行中输入SLICE命令并按Enter键，根据命令行提示选择剖切对象并按Enter键，根据提示选择XY平面为剖切面，指定UCS原点为XY平面上的点，并选择需要保留的侧面，完成剖切操作，如下右图所示。

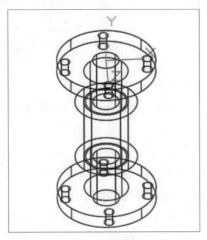 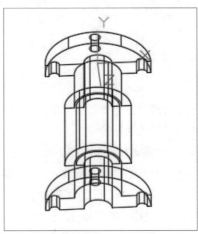

提示：其他剖切方式说明

- **三点：** 用三点作为剖切平面进行剖切。
- **视图：** 将剖切平面与当前视口视图平面对齐进行剖切。
- **Z轴：** 通过平面上的指定点和Z轴上的指定点来确定剖切平面进行剖切。
- **曲面：** 将剖切面与曲面对齐进行剖切。
- **平面对象：** 将剖切面与圆、椭圆、圆弧、椭圆弧等视图对齐进行剖切。

5.2.2 抽壳三维对象

使用"抽壳"命令可以将一个三维实体对象的中心掏空，从而创建出有一定厚度的壳体，同时可以删除三维实体的某些表面，显示壳体的内部构造。用户可以通过以下操作来执行"抽壳"命令。

- 在"常用"选项卡下的"实体编辑"面板中单击"抽壳"按钮；
- 在"实体"选项卡下的"实体编辑"面板中单击"抽壳"按钮；
- 执行"修改>三维操作>剖切"命令；
- 通过在命令行中输入SOLIDEDIT命令执行"抽壳"操作，具体如下。

步骤01 单击快速访问工具栏中的"打开"按钮，打开"抽壳.dwg"素材文件，如下左图所示。

步骤02 通过在命令输入SOLIDEDIT命令并按下Enter键，根据命令行提示选择"体（B）"选项后，选择"抽壳（S）"选项，然后选择抽壳对象并按下Enter键，在命令行输入抽壳偏移距离为5，按下Enter键完成抽壳操作，如下右图所示。

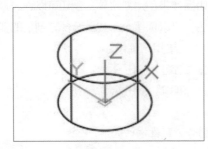 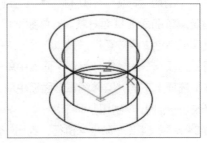

5.3 渲染设置

AutoCAD为提供了强大的渲染功能，用户可以根据需要在创建的三维模型中添加各种光源、材料或图片，此外还可以把渲染图像以多种文件格式输出。通过渲染可以更直观地表达设计思路和创建对象的特点。

5.3.1 设置材料

所有的三维实体都是由不同的材质构成的，AutoCAD提供了不同的材料类型和参数，用户可以根据不同的需要对不同的模型赋予不同的材质和参数，以便更加真实地展示三维实体效果。

材质浏览器涵盖了AutoCAD中所有的材质，是用来控制模型材质的设置选项面板，用户可以执行多个模型的材质指定操作，具体操作如下。

步骤 01 单击快速访问工具栏中的"打开"按钮，打开"材质浏览器.dwg"素材文件，如下左图所示。

步骤 02 在功能区的"视图"选项项卡下单击"选项板"面板中的"材质浏览器"按钮 ⊙，打开"材质浏览器"面板，如下右图所示。

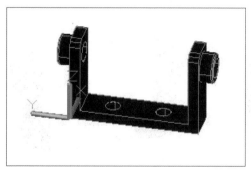

步骤 03 在绘图区选中三维模型，如下左图所示。

步骤 04 然后在"材料浏览器"面板中选择需要的颜色并右击，在弹出的快捷菜单中选择"指定给当前选择"命令，即实现三维模型材质的添加，如下右图所示。

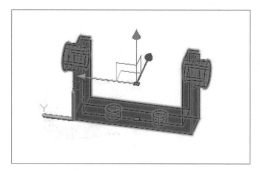

5.3.2 设置光源

AutoCAD中的光源分为4种，即点光源、聚光灯、平行光和光域网。系统在没有指定的情况下，会使用默认光源，该光源没有方向、阴影且模型各个面的灯光强度相等。

1. 创建光源

在了解基本光源特性后，用户可以根据需要创建合适的光源。执行"渲染>光源>创建光源" 命令，根据需要选择光源类型，然后设置光源的位置和基本特性，具体操作方法如下。

步骤 01 单击快速访问工具栏中的"打开"按钮，打开"创建光源.dwg"素材文件，如下左图所示。

步骤 02 执行"视图>渲染>光源>新建聚光灯"命令，在弹出的"光源-视口光源模式"对话框中选择"关闭默认光源（建议）"选项，根据命令行提示指定聚光灯起点，如下右图所示。

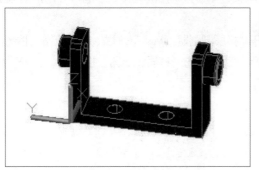 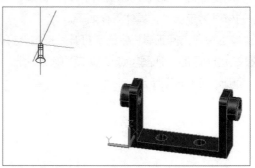

步骤 03 设定聚光灯目标的方向和位置后，调整光源的位置角度及大小，如下左图所示。

步骤 04 根据需要在命令行选择不同的属性进行设置，若所有参数都保持默认值，可直接按下Enter键，如下右图所示。

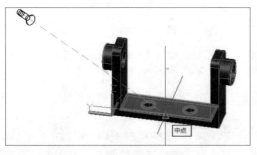 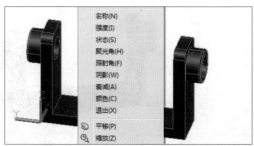

步骤 05 调整光源位置、角度及大小，如下左图所示。

步骤 06 完成光源的创建，如下右图所示。

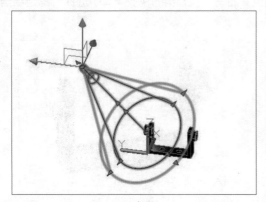 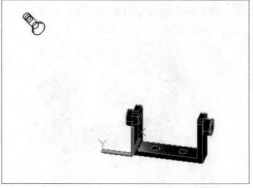

2. 设置光源

创建光源后，为了进一步提升模型的渲染逼真程度，通常需要对创建的光源进行多次设置，用户可以通过光源列表和地理位置功能，对当前的属性进行适当地修改。

● **光源设置**：用户可以通过执行菜单栏中的"视图>渲染>光源>光源列表"命令 ⚙️，或在功能区的"视图"选项卡下单击"模型选项板中的光源"按钮 ⚙️，在弹出的"模型中的光源"面板中右击光源名，在打开的快捷菜单中对光源执行删除、特性、轮廓显示等操作，如下左图所示。在快捷菜单中选择"特性"命令，打开"特性"面板，用户可以根据需要对光源的基本属性进行修改和设置，如下右图所示。

● **地理位置设置**：由于一些地理环境会对照射的光源产生影响，所以在AutoCAD 2017软件中用户可以指定模型地理位置、日期和当前时间。需注意的是，该功能必须在用户登录Autodesk 360后，通过在功能区的"可视化"选项卡下单击"阳光和位置"扩展按钮后，单击"设置位置"下拉按钮，选择"从地图"选项 🌐。

步骤 01 单击快速访问工具栏中的"打开"按钮，打开"创建光源.dwg"素材文件，如下左图所示。

步骤 02 登录Autodesk 360后，在功能区的"可视化"选项卡下单击"选项板"面板中的"阳光和位置"扩展按钮后，单击"设置位置"下拉按钮，选择"从地图"选项 🌐，如下右图所示。

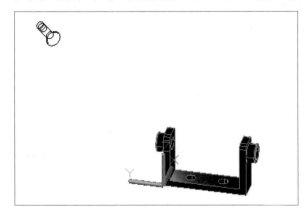

步骤03 在弹出的"地理位置"对话框中单击"是"按钮，启用实时地图数据，如下左图所示。

步骤04 在打开的地理位置对话框中的搜索文本框中输入China，按下Enter键，随后单击地图左上角的
Word China按钮，此时地图显示China地理位置，如下右图所示。

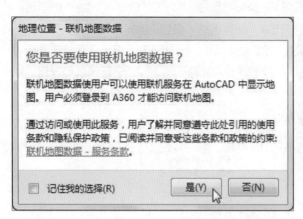

步骤05 滚动鼠标中建，放大地图至所需要的地理位置，右击并选择"在此处放置标记"命令，如下左图
所示。

步骤06 单击"下一步"按钮，根据需要设置坐标系等参数后，继续单击"下一步"按钮，根据命令行提
示在绘图区域设定图纸光源位置，按Enter键完成设置，如下右图所示。

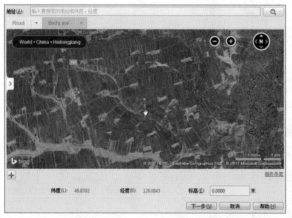

5.3.3　设置贴图

　　用户除了可以对三维模型进行材质设置外，还可以通过对三维对象进行贴图处理，使三维对象的材质
看起来更加逼真生动，利用贴图可以模拟材质纹理、反射及折射等效果。贴图是一种可以将图片信息通过
投影到三维对象面上的方法，可以简单理解为使用包装纸包装东西一样，区别在于它是使用修改器以数学
方法投影到曲面而不是简单地捆在对象的面上。

步骤01 打开"设置贴图.dwg"素材文件，执行"视图>渲染>材质浏览器"命令，选中绘图区的三维对
象，在"材质浏览器"面板中选择材质并右击，在快捷菜单中选择"指定给当前选择"命令，如下左图所
示。

步骤02 在"材质编辑器"面板中单击"图像"选项下的"编辑图像"按钮，打开"纹理编辑器"面板，
调整"亮度"值为84，设置X和Y值均为100，如下右图所示。

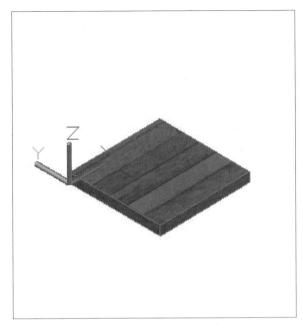

步骤03 在"材质编辑器"面板中取消勾选"着色"复选框，选择索引号为47的颜色，在"饰面"下拉列表中选择"有光泽的清漆"选项，如下左图所示。

步骤04 勾选"染色"复选框后，单击"染色"文本框，在弹出的"选择颜色"对话框中选择颜色索引号为41号的颜色，单击"确定"按钮，设置贴图的效果如下右图所示。

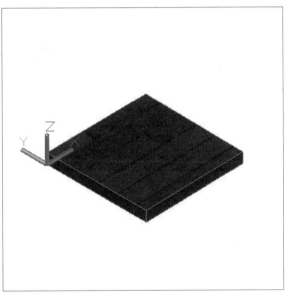

实战练习 实木餐具贴图

下面以设置实木餐具贴图为例，具体介绍贴图的应用方法。

步骤01 单击快速访问工具栏中的"打开"按钮，打开"案例2 实木餐具贴图.dwg"素材文件，在菜单栏中执行"视图>渲染>材质浏览器"命令，如下左图所示。

步骤02 弹出"材质浏览器"面板，将光标移至需要的材质上，单击右侧编辑图标，如下右图所示。

步骤 03 在弹出的"材质编辑器"面板中单击"图像"选项下拉按钮，选择"木材"选项，如下左图所示。

步骤 04 系统将弹出"纹理编辑器"面板，在"外观"选项区域中将"径向噪波"值设为10.00，"轴向噪波"值设为10.00，"颗粒密度"值设为10.50，如下右图所示。

 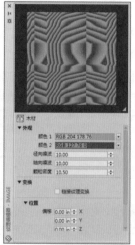

步骤 05 在"材质编辑器"面板中的"饰面"下拉列表中选择"绸缎清漆"选项，如下左图所示。

步骤 06 勾选"染色"复选框，单击"染色"文本框，在弹出的"选择颜色"对话框中，选择51号色，单击"确定"按钮，完成贴图设置，如下右图所示。

5.3.4 渲染效果

对模型的灯光、材质等进行设置后，就可以对三维对象进行渲染了。渲染是AutoCAD比较高级的三维效果处理方法，通过渲染操作可以让三维对象表现得更丰富、真实。用户可以在命令行输入RENDER命令或者在功能区的"可视化"选项卡下单击"渲染"面板中的"渲染窗口"按钮 📷 渲染窗口，弹出"渲染环境和曝光"面板，如下左图所示。进行相应的设置后，系统将自动对对象进行处理。

若需要修改渲染参数，可以通过"渲染预设管理器"面板设置具体参数。用户可以通过在命令行输入RPREF命令或者在功能区单击"可视化"面板右下角的"渲染预设管理器"按钮 ⌐，系统自动弹出"渲染预设管理器"面板，如下右图所示。

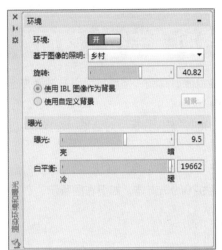 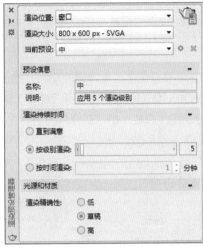

知识延伸：压印边

用户在创建三维模型后，通常需要在模型的表面加入公司标记或产品标记等图形对象，AutoCAD软件针对该操作提供了压印工具，将单个或多个图形对象压印到模型表面，具体操作如下。

步骤 01 单击快速访问工具栏中的"打开"按钮，打开"压印边.dwg"素材文件，如下左图所示。

步骤 02 单击"实体编辑"工具栏中的"压印边"按钮 ⌐，根据命令行提示选择三维实体，如下右图所示。

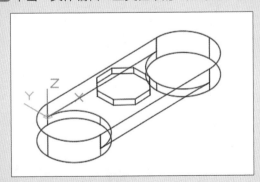 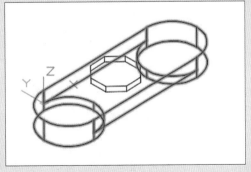

步骤 03 根据命令行提示，选择要压印的对象，此时命令行提示是否需要删除源对象，如下左图所示。

步骤 04 在命令行输Y并按两次Enter键，完成压印边操作，如下右图所示。

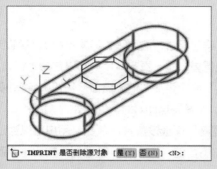
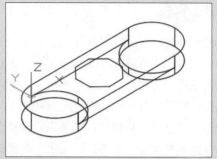

IMPRINT 是否删除源对象 [是(Y) 否(N)] <N>:

上机实训：为三维模型添加"生锈"材质

本实例将根据本章介绍的三维建模的知识，如三维镜像、阵列，渲染等，以及前面介绍的坐标系、倒角等功能，结合三维对象的自身特点进行三维模型创建。

步骤 01 单击快速访问工具栏中的"新建"按钮，在弹出的"选择样板"对话框中选择acadiso选项，单击"打开"按钮，如下左图所示。

步骤 02 在绘图区单击右上角的ViewCube工具，单击"西南等轴侧"按钮，执行"常用>建模>长方体"命令，根据命令行提示创建长为120、宽为60、高为20的长方体，如下右图所示。

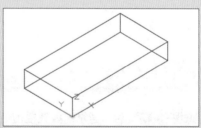

步骤 03 执行"倒圆角"命令，对长方体的四个角进行半径为4的倒圆角操作，如下左图所示。

步骤 04 执行"常用>建模>圆柱体"命令，在此坐标系下分别创建半径为5、高度为20的圆柱体，如下右图所示。

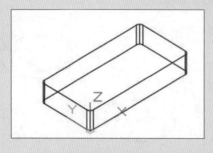
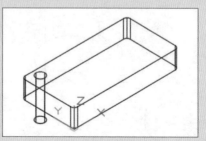

步骤 05 执行"常用>修改>矩形阵列"命令，完成2列2行、列间距为93、行间距为43的矩形阵列，完成差集运算，并创建一条辅助线，如下左图所示。

步骤 06 执行"修改>实体编辑>移动面"命令，将顶面下移到一半厚度后，删除辅助线，如下右图所示。

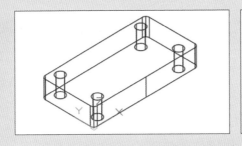
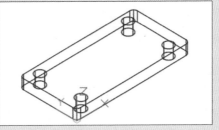

步骤 07 在命令行输入UCS命令，设置用户坐标，并在此坐标系下创建长为5、宽为15、高为40的长方体，如下左图所示。

步骤 08 执行"常用>修改>三维镜像"命令，完成三维镜像操作后，执行"常用>实体编辑>合并"命令，如下右图所示。

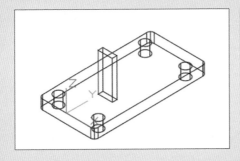
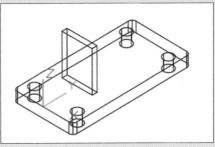

步骤 09 执行"修改>实体编辑>拉伸面"命令，完成拉伸高度为15、拉伸倾斜角度为0的拉伸操作，如下左图所示。

步骤 10 在此坐标系下执行"常用>建模>圆柱体"命令，创建半径为12和8，高为-10的圆柱，并执行"常用>实体编辑>差集"命令，如下右图所示。

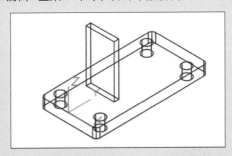
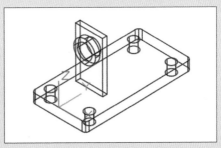

步骤 11 执行"常用>修改>三维镜像"命令，选择镜像对象，完成镜像操作且保存源对象。然后执行"常用>实体编辑>合并"命令，整体合并的效果如下左图所示。

步骤 12 执行"视图>渲染>材质浏览器"命令，添加"生锈"材质，并将"视觉样式"设置为"实体"，效果如下右图所示。

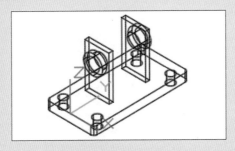
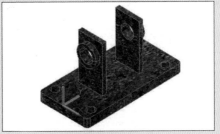

课后练习

1. 选择题

（1）下列不属于三维实体编辑命令的是（　　）。

    A. 抽壳　　　　　　　　B. 切割　　　　　　C. 三维镜像　　　　　　D. 三维阵列

（2）在AutoCAD中使用以下（　　）哪个命令可以创建用户坐标系。

    A. UCS　　　　　　　　B. U　　　　　　　C. S　　　　　　　　　D. W

（3）通过下列（　　）命令，可以将三维实体转换为壳体。

    A. 切割　　　　　　　　B. 三维镜像　　　　C. 三维阵列　　　　　　D. 抽壳

（4）在进行环形阵列时，不需要指定是（　　）。

    A. 阵列间距　　　　　　B. 阵列数目　　　　C. 阵列填充角度　　　　D. 旋转轴的起点和终点

（5）下列哪个是环形阵列命令（　　）。

    A. ARRAYPOLAR　　　　B. SLICE　　　　　C. THICKEN　　　　　　D. INTERFERE

2. 填空题

（1）3DARRAY命令用于在三维空间中按矩形阵列或＿＿＿＿＿＿的方式，创建对象的多个副本。

（2）通过剖切现有的实体创建新实体，可以通过多种方式定义剖切平面，包括指定点后选择＿＿＿＿＿＿或＿＿＿＿＿＿对象。

（3）抽壳是用指定＿＿＿＿＿＿创建一个空的薄层。

（4）＿＿＿＿＿＿命令可以将现有的实体模型上单个或多边偏移其他位置，从而利用这些边线创建出新的图形对象。

（5）在AutoCAD中有两种渲染方式，分别为渲染和＿＿＿＿＿＿。

3. 上机题

    在菜单栏中执行"文件>打开"命令，打开"课后练习上机题.dwg"素材文件，三维模型为对称模型，用户可以先创建不同的圆柱，通过布尔运算及阵列等方式得到三维模型的一端，最后通过三维镜像命令完成三维对象的创建。

Chapter 06 图形的打印与输出

本章概述

图纸设计完成后，用户可以将其打印出来，以方便图纸内容的传阅。图形的打印与输出是设计过程的最后一步，本章主要介绍图形文件的输入、输出以及打印图纸时布局设置操作。

核心知识点

① 了解图形输入的格式
② 掌握布局的创建与管理
③ 熟悉打印页面的设置
④ 掌握图形的打印操作

6.1 图形的输入/输出

使用AutoCAD时经常需要执图形输入或输出操作，本节将为用户介绍图形的导入、输出以及输入SKP文件的具体操作方法。

6.1.1 导入图形

在AutoCAD中，用户可以根据需要导入不同格式的图形文件到当前图形中。单击"插入"选项卡下"输入"面板中的"输入"按钮，打开"输入文件"对话框，从中选择相应的文件，然后单击"打开"按钮，即可导入文件，如右图所示。

6.1.2 输出图形

在使用AutoCAD绘图后，可根据需要将其保存为其他格式的文件，以方便其他软件调用，这时只需要将对象以指定的文件格式输出即可。执行"文件>输出"命令，打开"输出数据"对话框，如下左图所示。在"文件类型"下拉列表中选择需要导出文件类型，单击"保存"按钮即可，如下右图所示。

141

AutoCAD可以输出为以下的文件类型的文件。

- **DWF文件**：是一种图形Web格式文件，属于二维矢量文件。用户可以通过该文件格式在局域网或因特网上发布自己的图形作品。
- **DXF文件**：是一种包含图形信息的文本文件，能被其他CAD系统或应用程序读取。
- **ACIS文件**：是一种可以将代表修剪过的NURB表面、面域和三维实体的AutoCAD对象输出到ACIS格式的ACIS文件中。
- **3D Studio文件**：可以创建用于3ds Max的3D Studio文件，输出的文件保留了三维几何图形、视图、光源和材质。
- **WMF文件**：也叫做图元文件格式（WMF），文件包括屏幕矢量几何图形和光栅几何图形格式。
- **BMP文件**：是一种位图格式文件，在图像处理行业应用非常广泛。
- **PostScript文件**：用于创建包含所有或部分图形的PostScript文件。
- **平板印刷格式文件**：用平板印刷兼容的文件格式输出AutoCAD实体对象。实体数据以三角形网格面的形式转换为SLA，SLA工作站使用这个数据定义代表部件的一系列层面。

6.1.3　输入SKP文件

在AutoCAD 2017中新增了输入SKP文件功能，可方便用户调用SKP类型的图形。

单击"附加模块"选项卡下"输入SKP"面板中的"输入SKP文件"按钮，打开"选择SKP文件"对话框，如下左图所示。从中选择本地或共享文件夹中的SketchUp文件，单击"打开"按钮，即可将图形转化为块输入，然后根据命令行提示指定插入点或在绘图区单击，将块放置在图形中，如下右图所示。

 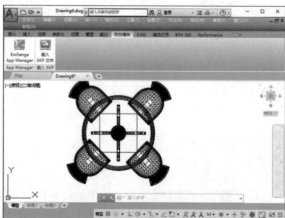

6.2　模型空间与图纸空间

在AutoCAD 2017中，有模型空间和图纸空间两种打印方式，用户可以根据实际情况选择不同的空间作为打印模板。

6.2.1　模型空间

模型空间用于AutoCAD三维模型创建，是一个没有界限的三维空间。用户可以绘制全比例的二维图形和三维模型，也可以为图形添加标注、注释等内容，并且永远按照1:1的比例尺寸进行绘图。

模型空间对应的窗口称为模型窗口，在模型窗口中，十字光标在整个绘图区域都处于激活状态，并且可以创建多个不重叠的平铺视口，来展现图形的不同视图。在一个视口中对图形进行修改后，其他视口也会随之更新，如右图所示。

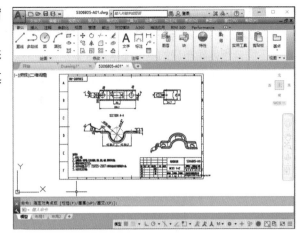

6.2.2 图纸空间

图纸空间主要用于出图，即将模型打印在纸面上形成图样。

图纸空间是一个有界限的二维空间，只能显示二维图形，要受到输出图样大小的限制，在图纸空间中需要通过比例尺实现图形尺寸从模型空间到图纸空间的转换，从而完成出图，如右图所示。

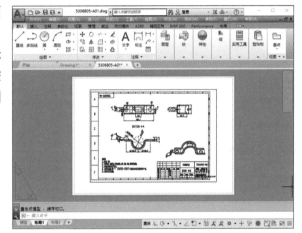

6.2.3 空间的切换

在AutoCAD中，用户可以根据需要进行模型空间和图纸空间的切换。在软件工作界面最下方有"模型"、"布局1"、"布局2"按钮，单击对应的按钮即可在模型空间和图纸空间之间进行切换。

6.3 创建与管理布局

布局空间用于设置模型空间中绘制图形的不同视图，主要是为了在输出图形时，可以同时输出该图形的不同视口，以满足不同出图要求。

6.3.1 创建布局

布局是一种图纸空间环境，可以模拟显示图纸页面，给用户提供直观地打印设置。创建布局主要是为了控制图纸的输出，通过不同视口的设置，满足用户出图时的要求，布局中显示的图形与图纸页面打印出来的图形完全一样。下面介绍几种常用的创建布局操作方法。

方法1：在菜单栏执行"工具>向导>创建布局"命令。

方法2：右击绘图窗口下的"模型"或"布局"选项卡，在弹出的快捷菜单中选择"新建布局"命令。

方法3：在命令行输入LAYOUTWIZARD命令并按Enter键。

下面介绍创建布局的具体操作方法，步骤如下。

步骤 01 执行"文件>打开"命令，打开素材文件"车身连接支架.dwg"，如下左图所示。

步骤 02 执行"工具>向导>创建布局"命令，将弹出"创建布局–开始"对话框，输入布局的名称，如下右图所示。

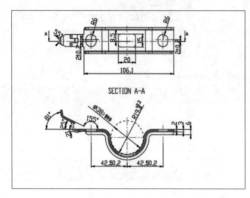 

步骤 03 单击"下一步"按钮，在"创建布局–打印机"对话框中，根据需要选择所配置的打印机，如下左图所示。

步骤 04 单击"下一步"按钮，在"创建布局–图纸尺寸"对话框中设置新布局打印图纸的大小和图形单位等参数，如下右图所示。

步骤 05 单击"下一步"按钮，在"创建布局–方向"对话框中选中"横向"或"纵向"单选按钮，进行打印方向的设置，如下左图所示。

步骤 06 单击"下一步"按钮，在"创建布局–标题栏"对话框中设置图纸的边框和标题栏样式，如下右图所示。

步骤 07 单击"下一步"按钮，在"创建布局-定义视口"对话框中设置视口样式和视口比例，如下左图所示。

步骤 08 单击"下一步"按钮，在"创建布局-拾取位置"对话框中单击"选择位置"按钮，即可在图形窗口对话框中以指定对角点的方式指定视口的大小和位置，如下右图所示。

步骤 09 在弹出的"创建布局-完成"对话框中单击"完成"按钮，如下左图所示。

步骤 10 完成新建布局操作，效果如下右图所示。

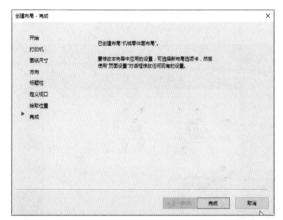 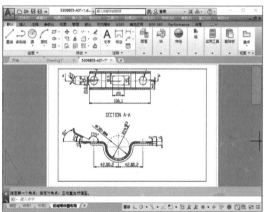

提示：切换布局窗口

在布局空间状态下的视口边界内双击，即可切换到模型空间状态下的布局窗口。

6.3.2 管理布局

布局是用来排版出图的，在视口内选择布局后看到的虚线框就是打印范围。

在AutoCAD中，若需要新建、重命名、删除、移动或复制布局，可以将光标放置在布局标签上并右击，在弹出的快捷菜单中选择相应的命令即可，如右图所示。

除了以上介绍的方法外，用户还可以在命令行中输入LAYOUT命令，按Enter键，根据命令行提示选择相应的选项，对布局进行管理，如下图所示。

命令: LAYOUT
LAYOUT 输入布局选项 [复制(C) 删除(D) 新建(N) 样板(T) 重命名(R) 另存为(SA) 设置(S) ?] <设置>:

命令行提示各常用选项含义介绍如下：
- **复制：** 复制布局。
- **新建：** 创建一个新的布局。
- **样板：** 基于样板（DWT）或图文文件（DWG）中现有的布局创建新样板。
- **设置：** 设置当前布局。

6.4 布局图

在正式出图之前，一般要在布局窗口中创建布局图，并对相关参数进行设置，如绘图设备、打印样式、纸张、比例尺视口等。布局图显示的效果，就是图纸打印时的实际效果，出图时直接打印布局图即可。

6.4.1 布局调整

一个新的布局图创建完成后，用户可以根据需要对布局图中图形的位置和大小进行调整和布置。

在布局图中存在三个边界，最里面的是视口边界，中间的虚线线框是打印边界，其作用就如同Word文档中的页边距，只有位于打印边界内部的图形才会被打印出来，最外层的是纸张边界，它是通过纸张类型和打印方向确定的，如右图所示。

在出图时，打印边界不会被打印出来，但视口边界会被当做普通图形打印出来，如果用户不希望视口边界被打印，可以将视口边界单独放在一个图层里，打印前将视口边界所在的图层隐藏即可。

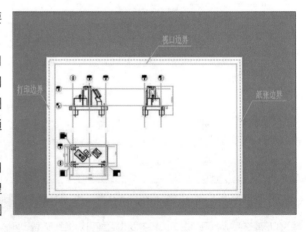

视口的大小和位置是可以调整的。视口边界实际是在图纸空间中自动创建的一个矩形图形对象。单击视口边界，其四个角点上会出现夹点，用户可以利用拉伸夹点的方法调整视口。

6.4.2 多视口布局

在AutoCAD中，不管是模型窗口还是布局窗口都可以将当前的工作区由一个视口分成多个视口，并且在各个视口中，可以用不同的比例、角度和位置来显示同一个模型。

在菜单栏中执行"视图>视口"子菜单中的命令，或者在命令行输入VPORTS命令，都可以创建多视口布局，具体操作如下。

步骤01 执行"文件>打开"命令，打开素材文件"车身连接支架.dwg"，切换至"布局1"布局空间，如下左图所示。

步骤02 选中视口边框，按Delete键将其删除，如下右图所示。

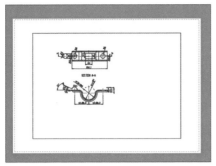 

步骤 03 在"布局"选项卡的"布局视口"面板中单击"矩形"按钮,指定视口起点,按住鼠标左键框选出视口范围,如下左图所示。

步骤 04 视口范围框选完成后,释放鼠标左键,即可完成第一个视口的创建,此时视口中会显示当前图形,如下右图所示。

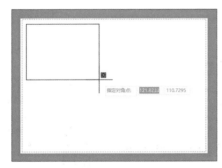 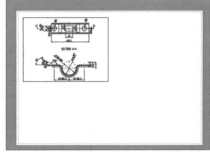

步骤 05 再次单击"矩形"按钮,完成其他视口的创建,如下图所示。

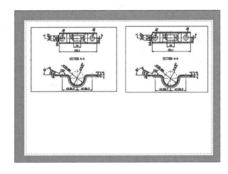 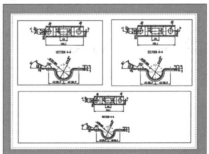

步骤 06 单击状态栏中的"图纸"按钮,激活模型空间,调用"平移"、"缩放"等命令,适当调整各视口中的显示内容,如下左图所示。

步骤 07 单击状态栏中的"模型"按钮,退出模型空间,至此多视口布局设置完毕,如下右图所示。

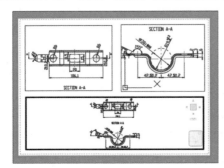 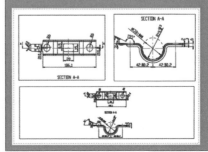

6.5　页面设置

使用"页面设置"功能可以对新建布局或已经建好的布局进行图纸大小和绘图设备设置。页面设置是打印设备和其他影响最终输出外观和格式的设置集合，用户可以修改这些设置并将其应用到其他布局中。

6.5.1　修改打印环境

在AutoCAD 2017中，新布局创建完成后，用户可以通过以下方法对页面进行设置。

方法1：执行"文件>页面设置管理器"命令。

方法2：单击"布局"选项卡下"布局"面板中的"页面设置"按钮。

方法3：在命令行输入PAGESETUP命令，并按下Enter键。

在"页面设置管理器"对话框中，用户可以根据需要对新建布局或已经建好的布局进行图纸大小和绘图设备设置，并将其应用到其他布局中，如下左图所示。

在"页面设置管理器"对话框中单击"修改"按钮，即可打开"页面设置–模型"对话框，然后对页面进行更详细地设置，如下右图所示。

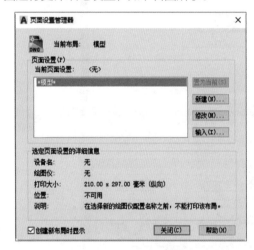
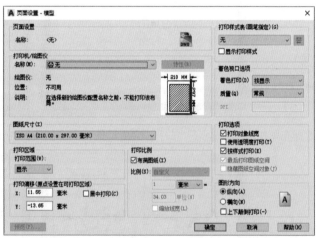

在"页面设置–模型"对话框中，各主要选项介绍如下。

- **"打印机/绘图仪"选项组：** 用户修改和配置打印设备。
- **"打印样式表"选项组：** 设置图形使用的打印样式。
- **"图纸尺寸"选项组：** 用于确定打印输出图形时的图纸尺寸，用户在"图纸尺寸"的下拉列表中根据需要选择图纸尺寸。
- **"打印区域"选项组：** 进行打印之前，可以指定打印区域，确定打印内容。
- **"打印比例"选项组：** 用于确定图形的打印比例。用户在"比例"下拉列表中选择图形的打印比例，也可以通过数值框自定义图形的打印比例。在布局打印时，模型空间的对象将以其布局视口的比例显示。
- **"图形方向"选项组：** 通过选择"横向"或"纵向"单选按钮设置图形在图纸上的打印方向。"横向"表示图纸的长边是水平的，"纵向"表示图纸的短边是水平的。另外，在横向或纵向方向上，可以勾选"方向打印"复选框，控制首先打印图形的顶部还是底部。
- **"打印偏移"选项组：** 用于确定图纸上的实际打印区域相对于图纸左下角点的偏移量。在布局中，可打印区域的左下角点位于由虚线框确定的页边距的左下角点，即（0，0）。

在"页面设置－模型"对话框的"打印机/绘图仪"选项组中，单击"特性"按钮，系统会弹出"绘图仪配置编辑器"对话框，从中可以更改PC3文件的打印机端口和输出设置，包括介质、图形以及自定义特性等。此外，还可以将这些配置从一个PC3文件拖到另一个PC3文件，如右图所示。

在"绘图仪配置编辑器"对话框中，有"常规"、"端口"和"设备和文件设置"选项卡，各选项卡的功能介绍如下。

- **"常规"选项卡：**该选项卡下包含打印机配置（PC3）文件的基本信息，用户可以在说明区添加或更改信息。另外，该选项卡中其他内容是只读的。
- **"端口"选项卡：**用于更改配置的打印机与用户计算机或网络系统之间的通信设置，可以指定通过端口打印、打印到文件或使用后台打印。
- **"设备和文档设置"选项卡：**用于控制PC3文件的多项设置，如指定纸张的来源、尺寸、类型和去向，控制笔试绘图仪中指定的绘图笔等。单击任意节点的图标以查看和更改指定设置，更改设置后，所做更改将出现在设置旁边的尖括号中。另外，更改了值的节点图标上方也将显示检查标记。

6.5.2 保存页面设置

在AutoCAD 2017中，用户可以将绘制好的图形保存为样板图形，所有的几何图形和布局设置都可保存为DWT文件。

在命令行输入LAYOUT命令，并按Enter键，根据命令行提示，选择"另存为"选项，并按Enter键打开"创建图形文件"对话框。在该对话框中输入要保存的布局样板名称，然后单击"保存"按钮即可，如右图所示。

6.5.3 使用布局样板

布局样板是从DWT或DWG文件中输入的布局，用户可以利用现有样板中的信息创建新的布局。AutoCAD中提供了若干个布局样板，以供用户设计新布局环境时使用。

使用布局样板创建新布局时，新布局将使用现有样板中的图纸空间几何图形及其页面设置，并在图纸空间中显示布局几何图形和视口对象。用户可以保留从样板中输入的几何图形，也可以将其删除，在这个过程中不输入任何模型空间图形。

6.6 图形打印

对图形的页面和布局进行设置后，接下来就可以执行打印出图操作了。

6.6.1 打印预览

执行"文件>打印预览"命令，系统将打开如下图所示的图形预览界面。利用顶部工具栏中相应的工具，可对图形执行打印、平移、缩放、窗口缩放、关闭等操作。

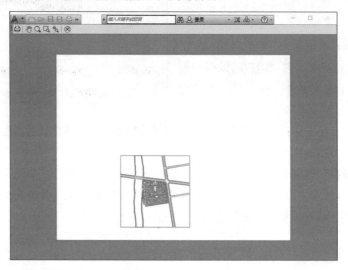

6.6.2 图形输出

在AutoCAD中执行"文件>打印"命令、在命令行输入PLOT命令，或按Ctrl+P快捷键，都可以打开"打印－模型"对话框，如下图所示。"打印－模型"对话框与"页面设置－模型"对话框中同名称的选项功能完全相同，均用于设置打印设备、打印样式、打印比例以及图纸尺寸，此处不再介绍。

- **"打印区域"选项组**：该选项组用于设置打印的区域，用户可以在"打印范围"下拉列表中选择相应选项，确定打印的内容。
- **"预览"按钮**：单击该按钮，系统将会按当前的打印设置显示图形真实的打印效果，与"打印预览"功能具有相同的效果。

知识延伸：在Internet上使用图形文件

　　AutoCAD中的"输入"和"输出"命令可以识别任何指向AutoCAD文件的有效URL路径，因此，用户可以使用AutoCAD在Internet中执行打开和保存文件操作。

步骤01 执行"应用程序菜单>打开"命令，选择"打开"选项，如下左图所示。

步骤02 在打开的"选择文件"对话框中单击"工具"下拉按钮，在下拉列表中选择"添加/修改FTP位置"选项，如下右图所示。

步骤03 在"添加/修改FTP位置"对话框中，用户可以根据需要设置FTP站点名称、登录方式和登录密码，如下左图所示。

步骤04 依次单击"添加"和"确定"按钮，返回至"选择文件"对话框，在左侧列表中选择FTP选项，其后在右侧列表框中选择添加的FTD文件，最后单击"打开"按钮即可，如下右图所示。

上机实训：打印SKP格式的图形文件

　　下面介绍在AutoCAD中打印SKP格式文件的操作方法，具体如下。

步骤01 在AutoCAD中单击"附加模块"选项卡下"输入SKP"面板中的"输入SKP文件"按钮，如下左图所示。

步骤 02 在打开的"选择SKP文件"对话框，如下左图所示。从中选择本地或共享文件夹中的SKP格式文件，如下右图所示。

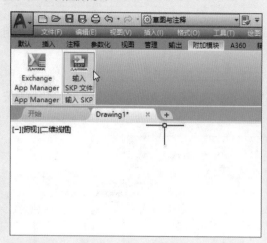 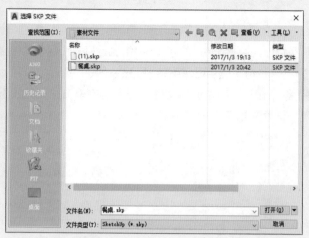

步骤 03 单击"打开"按钮，即可将图形转化为块输入，然后根据命令行提示指定插入点，或在绘图区单击将块放置在图形中，如下左图所示。

步骤 04 执行"文件>打印"命令，打开"打印－模型"对话框，单击"打印机/绘图仪"选项组的"名称"下拉按钮，选择所需打印机型号，如下右图所示。

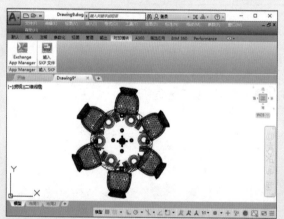 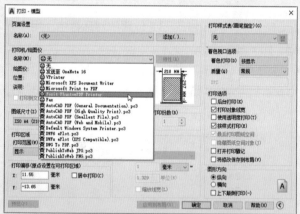

步骤 05 单击"图纸尺寸"下拉按钮，在弹出的下拉列表框中选择"A3 横向"选项，如下左图所示。

步骤 06 单击"打印范围"下拉按钮，在弹出的下拉列表框中选择"窗口"选项，如下右图所示。

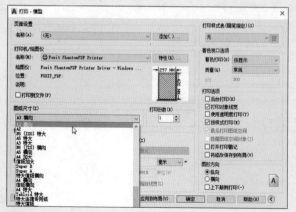 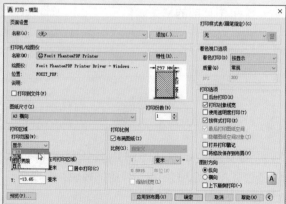

步骤 07 在绘图区通过指定对角点，框选打印范围，如右图所示。

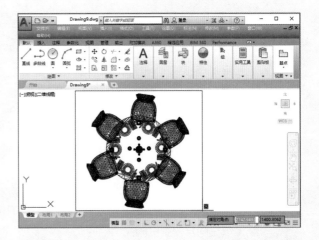

步骤 08 确定打印范围后，单击鼠标左键即可返回到"打印－模型"对话框，勾选"布满图纸"和"居中打印"复选框，如右图所示。

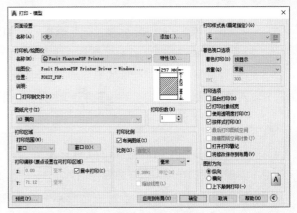

步骤 09 单击"预览"按钮，进入预览窗口，预览图形的打印效果，再次检查出图是否正确。

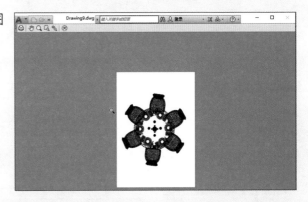

步骤 10 单击顶部的"关闭预览"按钮，返回"打印－模型"对话框，单击"确定"按钮，完成打印设置，如右图所示。

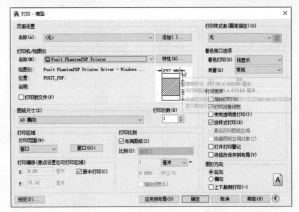

课后练习

1. 选择题

（1）下面不属于AutoCAD工作空间的是（　　）。

　　A. 模型空间　　　　　　　B. 图纸空间　　　C. 模拟空间　　　　　D. 布局空间

（2）以下哪种说法不正确（　　）。

　　A.图纸空间称为布局空间

　　B.图纸空间完全模拟图纸页面

　　C. 图纸空间用来在绘图之前或之后安排图形的位置

　　D.图纸空间与模型空间完全相同

（3）下面操作中不能创建布局的是（　　）。

　　A. 执行"插入>布局>新建布局"命令　　　B. 单击"图纸集管理器"按钮

　　C. 在命令行输入LAYOUT命令　　　　　　D. 利用布局样板进行创建

（4）在"打印-模型"对话框的（　　）选项组中，用户可以选择打印设备。

　　A. 打印区域　　　　　　　B. 打印比例　　　C. 打印机/绘图仪　　　D. 图纸尺寸

2. 填空题

（1）AutoCAD提供了两种并行的工作环境_____和_____。

（2）实现多视口布局可以在命令行输入_____命令。

（3）输入SKP文件需要在_____选项卡的"输入SKP"面板中单击"输入SKP文件"按钮📷。

3. 上机题

　　打开素材文件，创建多视口布局，效果如下图所示。

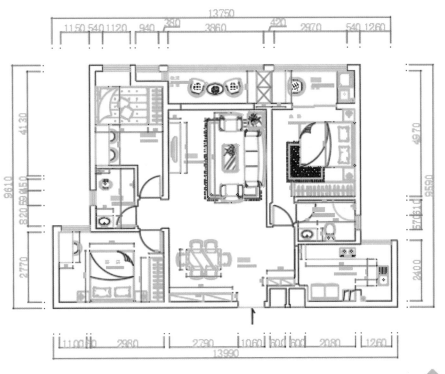

家具尺寸图

Part 02

综合案例篇

综合案例篇共3章内容，通过这些案例的实操练习，用户可以对AutoCAD的绘图应用有实质性的了解，达到运用自如、融会贯通的学习目的。

▌Chapter 07　电气设计与绘图　　　　▌Chapter 08　室内设计与绘图

▌Chapter 09　机械设计与绘图

Chapter 07 电气设计与绘图

本章概述

电气设计是指根据相关规范要求对电能、负荷、容量以及配电系统、接线图、动力系统等进行分析计算，从而设计出满足用户需求的供电方案，并最终完成供电的过程。本章以绘制线路图和线路原理图为例，介绍AutoCAD软件在电气设计领域的应用。

核心知识点

① 了解电气工程图的概念

② 了解电气工程图的组成

③ 掌握常用元器件的绘制方法

④ 掌握数控车床线路原理图的绘制及标注方法

⑤ 掌握10KV168线线路图的绘制方法

7.1 电气工程图概述

电气工程图是采用图形的形式表达信息的一种技术文件，主要由简化外观的电气设备、电气元件图形符号以及线框等组成，主要用来描述电气设备的工作原理。电气工程图的应用十分广泛，几乎遍布于工业生产和日常生活的各个环节。

7.1.1 电气工程图的种类

电气工程图主要是为用户阐述电气工程的工作原理和系统构成，是提供安装接线和使用维护的依据。电气工程图根据内容和表达形式的不同，可以分为以下几种。

- 电气系统图；
- 电气平面图；
- 电路图；
- 接线图；
- 大样图；
- 设备元件和材料表；
- 其他电气图。

7.1.2 电气工程图的内容

下面将对电气工程图的各部分做详细介绍，具体如下。

1. 图幅尺寸

一张图纸的完整图面是由边框线、图框线、标题栏、会签栏等组成。

2. 标题栏

标题栏位于图框的右下角，用来标注图纸内容，主要内容包括图纸的名称、比例、设计单位、校审人、审定人、电气负责人等。

标题栏的方向确定了图纸的方向，故图中的说明、符号均以标题栏文字方向为准。

3. 图幅分区

为确定图中内容的位置和用途，需对一些幅面较大、内容复杂的电气图进行图幅分区。

图幅分区的方法是将图框相互垂直的两边进行等分，分格数根据图纸的复杂程度而定，但要求两边都必须为偶数。每一个分区的边长应该在25~75mm范围内，分区线用细实线表示。分区的水平方向从左至右用数字表示，竖直方向用大写字母表示，如下左图所示。

4. 字体

字母、数字以及汉字是电气工程图的重要组成部分，图中的字体必须符合标准。字母和数字一般采用罗马字体、正体或斜体；汉字一般采用仿宋体或宋体。用户也可以采用AutoCAD提供的符合国家标准的字体，如gbenor、gbeitc、gbcbig等。字体的大小一般为2.5~10，也可以根据文字所表达的内容使用不同大小的字体。

5. 图线

绘制电气工程图所用的各种线条统称为图线，根据用途的不同，线宽常选用0.18mm、0.25mm、0.35mm、0.5mm、0.7mm、1.0mm、1.4mm、2.0mm几种。一般情况下，图形对象的线宽尽量不大于两种，并且每两种线宽的比值应不小于2。

6. 比例

一般情况下电气工程图是不按照比例绘制的，但某些特殊位置则必须按照比例或部分比例进行绘制。电气工程图常用的比例有1:10、1:20、1:50、1:100、1:200、1:500等。

7. 方位

一般情况下，电气平面图是按照"上北下南左西右东"来表示电气设备或建筑的结构和朝向。但在外电总平面图中用方位标记表示，如下右图所示。

8. 设备材料表及说明

设备材料表主要用于说明电气图纸中全部电气设备材料的规格、数量、型号以及相关重要数据，以便于施工单位的概算。

电气图纸的设计说明是用文字叙述的方式说明图纸中的一些重要内容，如主要电气设备的规格型号、工程特点、设计思想以及使用的材料、工艺、技术和对施工的要求等。

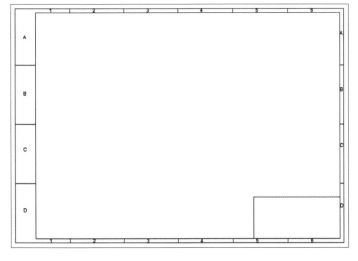
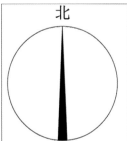

7.2 绘制电气常见图例

电气工程图中，各原件、设备、线路以及安装方法都是以图形符号、文字符号和项目符号的形式表现出来的，本节重点介绍电气工程图中一些常见图形符号的绘制方法。

7.2.1 绘制电能的发生和转换装置

电能的发生和转换装置包括发电机、变压器、发动机和绕组等，下面以绘制三相绕线型异步电机为例进行介绍。

步骤01 执行"文件>新建"命令，新建空白文件。调用"圆"命令，分别绘制半径为10和12.5的圆，如下左图所示。

步骤02 调用"直线"命令，过圆心绘制一条长20的直线，如下中图所示。

步骤03 利用"夹点编辑"功能，向下拉伸20，如下右图所示。

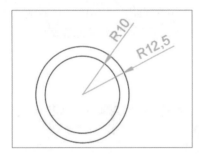 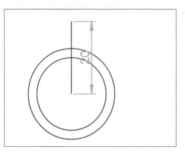 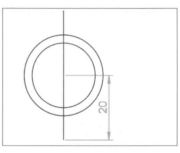

步骤04 调用"偏移"命令，将竖线向左、右偏移7，如下左图所示。

步骤05 调用"修剪"命令，修剪图形，如下中图所示。

步骤06 调用"文字样式"命令，打开"文字样式"对话框，设置文字样式，如下右图所示。

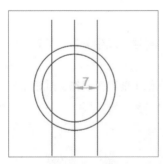 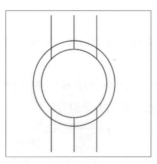 

步骤07 调用"多行文字"命令，输入文字，如下左图所示。

步骤08 调用"样条曲线"命令，绘制波浪线，如下右图所示。

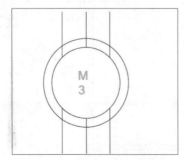 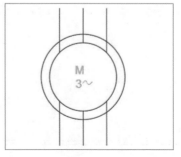

7.2.2 绘制开关、控制及保护装置

电气工程图主要包括开关、接触器、热继电器、速度继电器等一系列元器件，下面以绘制空气自动开关为例，进行详细介绍。

步骤 01 执行"文件>新建"命令，新建空白文件。调用"多段线"命令，绘制多段线，如下左图所示。

步骤 02 调用"矩形"命令，绘制一个长为1、宽为2的矩形；调用"旋转"命令，将矩形旋转30°；调用"移动"命令，将矩形移到指定位置，如下中图所示。

步骤 03 调用"图案填充"命令，选择SOLID填充图案来填充矩形，如下右图所示。

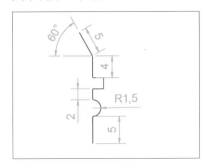 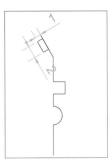 

步骤 04 调用"直线"命令，结合对象捕捉功能，绘制一条长为5的竖直线段；调用"直线"命令，结合夹点编辑功能绘制一条长为2的水平线段，如下左图所示。

步骤 05 调用"圆"命令，结合"移动"命令，绘制一个半径为0.5的圆，如下中图所示。

步骤 06 调用"矩形阵列"命令，设置"列数"为3，阵列图形，如下右图所示。

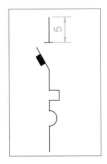 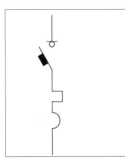 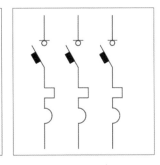

步骤 07 调用"矩形"命令，绘制长为20、宽为12的矩形，如下左图所示。

步骤 08 调用"直线"命令，结合"偏移"命令，绘制虚线部分，如下右图所示。

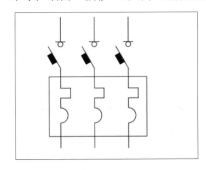 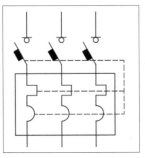

步骤 09 在"插入"选项卡下，单击"写块"按钮，打开"写块"对话框，将图形转换为外部块，如下左图所示。

步骤 10 调用"插入"命令，可见图形已经转换为外部块，如下右图所示。

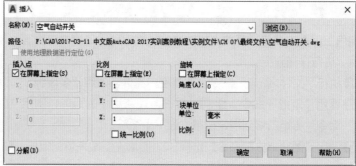

7.2.3　绘制电子管和半导体管

电气工程图中的半导体元器件包括二极管、三极管以及晶闸管等，下面以半导体二极管为例具体介绍绘制方法。

步骤 01 执行"文件>新建"命令，新建空白文件。调用"直线"命令，绘制一条长为100的直线，如下左图所示。

步骤 02 调用"多段线"命令，在命令行输入20，沿直线中点向上绘制一条长为20的线段，输入(@30<-20)来绘制斜线，如下右图所示。

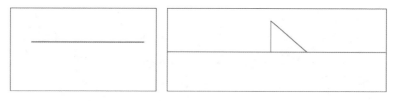

步骤 03 调用"镜像"命令，选中三角形，沿水平直线镜像，如下左图所示。

步骤 04 调用"直线"命令，向上绘制一条长为25并与水平直线垂直的线段，结合"夹点编辑"功能向下拉伸25，如下右图所示。

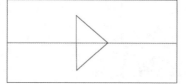
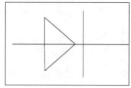

步骤 05 在"插入"选项卡下，单击"写块"按钮，打开"写块"对话框，将图形转换为外部块，如下左图所示。

步骤 06 调用"插入"命令，可见图形已经转换为外部块，如下右图所示。

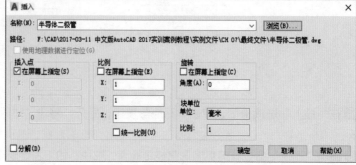

7.2.4 绘制无源元件

电气工程图中的无源元件包括电容、电阻、电感等，下面以绘制可变电感器符号为例详细介绍无源元件的绘制方法。

步骤 01 执行"文件>新建"命令，新建空白文件。调用"直线"命令，绘制一条长为2的水平直线，如下左图所示。

步骤 02 调用"圆"命令，结合"对象捕捉"功能，以直线中点为圆心，绘制半径为1的圆，如下中图所示。

步骤 03 调用"修剪"命令，修剪上半部分的圆并删除多余辅助线，如下右图所示。

 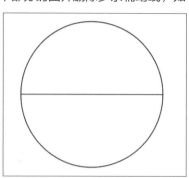 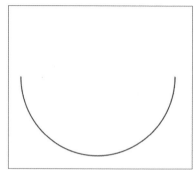

步骤 04 调用"复制"命令，结合"对象捕捉"功能，捕捉圆弧左端点，并将其向右复制3份，如下左图所示。

步骤 05 调用"直线"命令，结合"对象捕捉"功能，绘制圆弧水平与垂直连接的直线，如下中图所示。

步骤 06 调用"镜像"命令，镜像图形，如下右图所示。

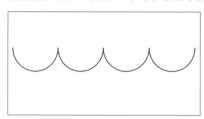 

步骤 07 调用"多段线"命令，结合"对象捕捉"功能，绘制箭头，箭头宽为0.5、长为1.5，如下左图所示。

步骤 08 调用"写块"命令，打开"写块"对话框，将图形转化为外部块，如下右图所示。

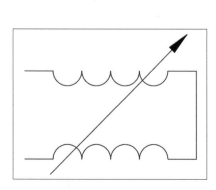

161

7.3 绘制电气工程图

电气工程图在工业生产和日常生活的各个环节应用非常广泛，主要用来表示电气设备的工作原理、系统构成，并作为电气设备安装维护时的依据。

7.3.1 绘制数控车床电气控制线路原理图

数控车床电气原理图包括主回路电路图与电气控制回路，下面分别进行介绍。

1. 绘制主回路电路

步骤01 执行"文件>新建"命令，新建空白文件，在命令行输入UN并按Enter键，打开"图形单位"对话框，设置单位，如下左图所示。

步骤02 调用"图形特性"命令，在打开的"图层特性管理器"面框中新建图层，如下右图所示。

步骤03 在"默认"选项卡下单击"特性"面板中的"线型"下三角按纽，在下拉列表中选择"其他"选项，弹出"线型管理器"对话框，设置"全局比例因子"为0.1，如下左图所示。

步骤04 调用"直线"命令，绘制一条长为100的水平直线，结合"偏移"命令，将直线向下偏移两次，如下右图所示。

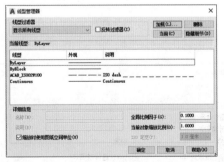 

步骤05 调用"偏移"命令，将直线向下偏移6.92，结合"夹点编辑"功能，将其向左拉伸30，如下左图所示。

步骤06 调用"插入"命令，插入随书光盘中的"空气自动开关.dwg"图块，结合"旋转"命令将其旋转90°，调用"移动"命令，将其移动到合适的位置，如下右图所示。

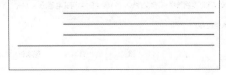 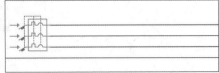

步骤 07 调用"直线"命令绘制一条长为8的竖直直线，调用"偏移"命令，将其依次向右偏移6.92两次，结合夹点编辑功能，将其向上拉伸与水平直线相交，如下左图所示。

步骤 08 调用"复制"命令复制"空气开关"，结合"旋转命令"将其旋转-90°，调用"移动"命令，将其移动到合适的位置，如下右图所示。

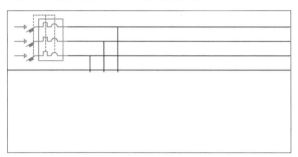
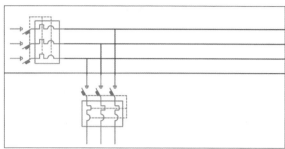

步骤 09 调用"直线"命令，以"空气自动开关"下引线为起点，向下绘制长度为5的直线；调用"圆"命令，绘制半径为1的圆；调用"修剪"命令，修剪圆形，结合"复制"命令，复制图形，如下左图所示。

步骤 10 调用"直线"命令，在命令行输入(@5<-60)，绘制一条角度为-60的斜线，向下拖动鼠标，在命令行输入5，绘制长度为5的直线，调用"复制"命令，设置复制距离为6.92，复制图形，并用虚线将其连接，如下右图所示。

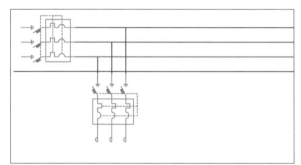
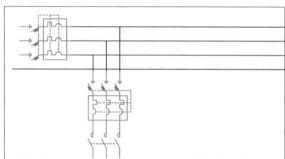

步骤 11 调用"圆"命令，绘制半径为1的圆，表示T形导线连接；调用"图案填充"命令，填充刚绘制的圆；调用"复制"命令，复制圆，如下左图所示。

步骤 12 调用"复制"命令，复制图形，如下右图所示。

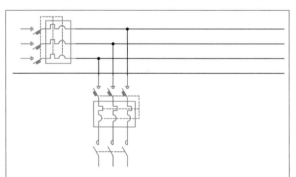
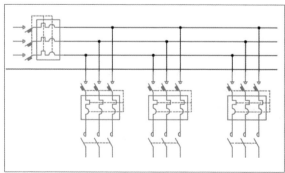

步骤 13 调用"矩形"命令，绘制长为20、宽为30的矩形；调用"直线"命令，结合"对象捕捉"功能，绘制长为15的直线，以及与其相连的T形连接线和矩形引角线，如下左图所示。

步骤 14 调用"直线"命令，结合"复制"以及"对象捕捉"功能，绘制另外一个触点，如下右图所示。

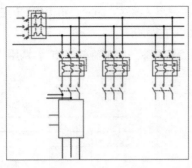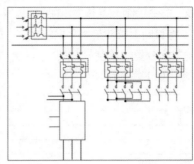

步骤 15 调用"圆"命令，绘制半径为16的圆，如下左图所示。

步骤 16 利用"夹点编辑"功能，将直线向下拉伸；调用"复制"命令，复制圆。至此，电路图部分绘制完毕，如下右图所示。

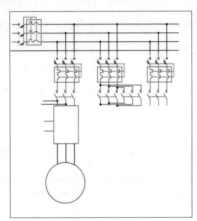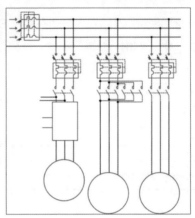

2. 绘制电气控制回路

步骤 01 调用"圆"命令，结合"直线"命令，绘制控制电源变压器左半边，如下左图所示。

步骤 02 调用"直线"和"镜像"命令，镜像变压器的另外一半，如下右图所示。

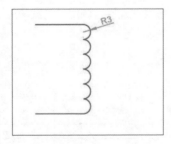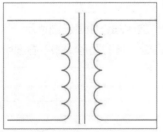

步骤 03 调用"矩形"命令，绘制长为20、宽为80的矩形，如下左图所示。

步骤 04 调用"直线"命令，绘制开关电源的引脚和正负极，如下右图所示。

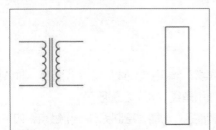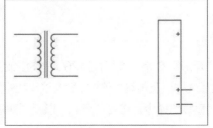

步骤 05 调用"直线"命令，绘制电气控制回路轮廓线路部分，如下左图所示。

步骤 06 调用"矩形"命令，绘制一个长为8、宽为3的矩形，结合"移动"命令，将其移到相应的位置，如下右图所示。

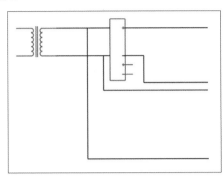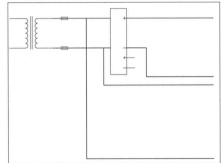

步骤 07 调用"直线"命令，绘制旋转开关，如下左图所示。

步骤 08 调用"直线"和"圆"命令，配合"修剪"命令，绘制急停开关，如下右图所示。

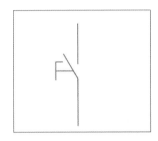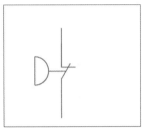

步骤 09 调用"矩形"命令，绘制一个长为15、宽为10的矩形，作为中间继电器线圈，如下左图所示。

步骤 10 调用"移动"命令，将以上元器件移到相应位置的线路上，如下右图所示。

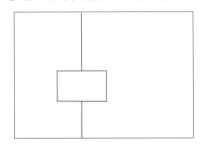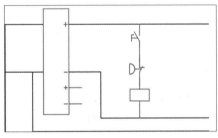

步骤 11 调用"直线"命令，结合"偏移"命令，绘制电容，如下左图所示。

步骤 12 调用"矩形"命令，绘制一个长为3、宽为8的矩形，作为电阻，如下右图所示。

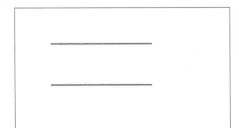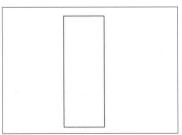

步骤 13 调用"直线"命令，结合"移动"命令，将以上元器件移到分支线路上，如下左图所示。

步骤 14 调用"复制"命令，向右依次复制分支线路，复制距离为35，如下右图所示。

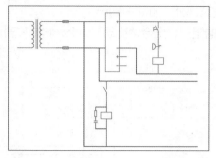
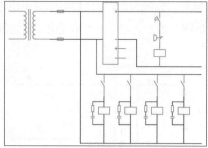

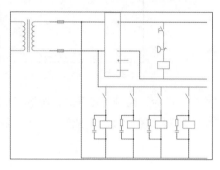

步骤 15 添加T形节点，至此完成电气控制回路的绘制，如右图所示。

3. 文字与标注部分

步骤 01 调用"文字样式"命令，打开"文字样式"对话框，单击"新建"按钮，在打开的"新建文字样式"对话框中设置"样式名"为"字母与数字"，如下左图所示。

步骤 02 单击"确定"按钮，返回"文字样式"对话框，设置"字母与数字"文字样式参数，并单击"置为当前"按钮，如下右图所示。

步骤 03 单击"新建"按钮，新建"汉字"文字样式，设置文字样式参数，如下左图所示。

步骤 04 将"汉字"与"字母与数字"图层分别置为当前，标注主回路元器件符号及名称，如下右图所示。

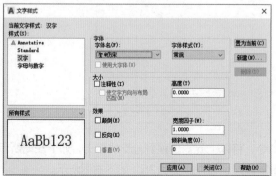

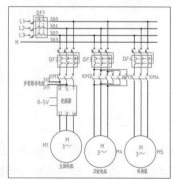

步骤 05 按照同样的方法标注电气控制回路元器件符号及名称，如下左图所示。

步骤 06 调用"插入"命令，插入素材文件夹中的"图框.dwg"块，在命令行输入S，将比例因子改为0.01，如下右图所示。

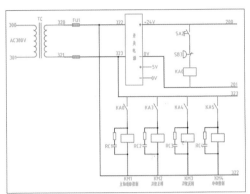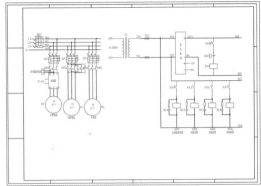

步骤 07 调用"单行文字"命令，添加注意事项文本和电路名称。至此，数控车床电气控制线路原理图绘制完毕，如下图所示。

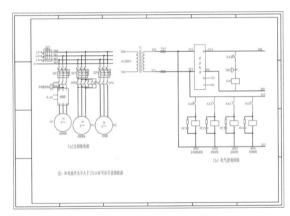

7.3.2 绘制10KV168线分支线路项目工程图

电气设计中既包括电路原理图的设计，也包括具体线路图的布置绘制，下面以绘制10KV168线分支线路项目工程图为例进行具体介绍。

1. 绘制线路图

步骤 01 执行"文件>新建"命令，新建空白文件。调用"直线"命令，绘制一条长为10000的水平直线，和与其垂直长为200的竖直直线，如下左图所示。

步骤 02 调用"偏移"命令，将水平直线向上偏移200，将竖直直线分别向右偏移815、955、1300、1400、1600、1700、8400、8500、8600、8700，如下右图所示。

步骤 03 调用"修剪"命令，修剪线路，并删除多余线条，如下左图所示。

步骤 04 调用"直线"和"圆"命令，结合"对象捕捉"功能，绘制拉线和电线杆，如下右图所示。

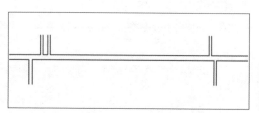 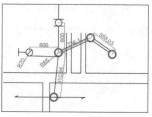

步骤 05 调用"图案填充"命令，选择SOLID填充图案填充旧电杆，如下左图所示。

步骤 06 调用"矩形"命令，绘制长为150、宽为100的矩形，作为柱上开关，如下右图所示。

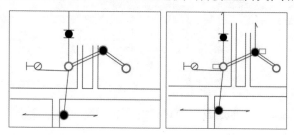

步骤 07 切换到"高压线"图层，调用"直线"命令，绘制一条6150的直线；切换到"低压线"图层，同样绘制一条6150的直线，如下左图所示。

步骤 08 切换到"细实线"图层，调用"圆"命令，结合"对象捕捉"功能，绘制半径为70的圆，如下右图所示。

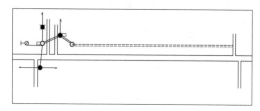 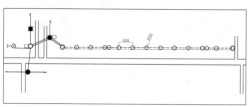

步骤 09 调用"圆"命令，结合"对象捕捉"功能，绘制半径为80的彼此相交的圆，如下左图所示。

步骤 10 调用"图案填充"命令，选择SOLID填充图案填充变压器，如下右图所示。

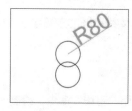 

步骤 11 调用"移动"命令，将变压器移到相应的位置；调用"复制"命令，复制另一变压器，如下左图所示。

步骤 12 调用"圆"和"直线"命令，绘制末端线路；调用"矩形"命令，绘制柱上开关。至此，线路图绘制完毕，如下右图所示。

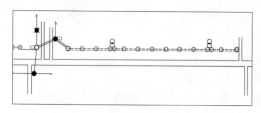 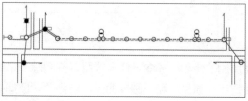

2. 文字与标注部分

步骤 01 调用"文字样式"命令，打开"文字样式"对话框，单击"新建"按钮，在打开的"新建文字样式"对话框中设置"样式名"为"字母与数字"，如右图所示。

步骤 02 单击"确定"按钮返回"文字样式"对话框，设置"字母与数字"文字样式参数，单击"置为当前"按钮，如下左图所示。

步骤 03 单击"新建"按钮，新建"汉字"文字样式，设置文字样式参数，如下右图所示。

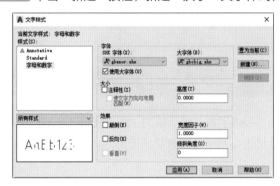

步骤 04 将"汉字"与"字母与数字"图层分别置为当前，标注线路杆号以及线路名称，如下左图所示。

步骤 05 调用"插入"命令，插入图框，在命令行输入S，将图框显示比例改为0.25，如下右图所示。

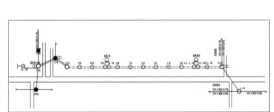
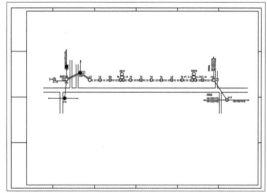

步骤 06 调用"多行文字"命令，输入项目名称和线路说明，如下左图所示。

步骤 07 调用"插入"命令，插入图例。至此，168线项目维修线路图绘制完毕，如下右图所示。

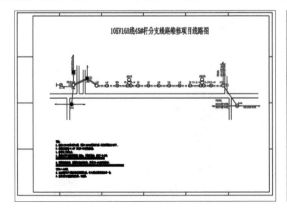
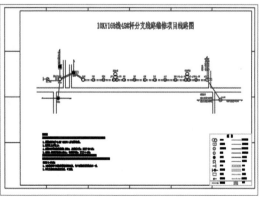

Chapter 08 室内设计与绘图

本章概述

现代室内设计主要追求以人为本的理念，是具有使用价值的同时满足相应功能需求，以及具有艺术特色的理想居住环境。通过本章内容的学习，使读者在了解室内设计理论知识的同时，掌握室内设计的绘制方法。

核心知识点

❶ 了解室内设计的概念
❷ 了解施工图的组成
❸ 掌握平面布局图的绘制方法
❹ 掌握地面铺装图的绘制方法
❺ 掌握常见室内装饰图例的绘制方法

8.1 室内设计概述

室内设计是为了满足人们各种行为需求，运用一定的技术手段与经济能力，根据使用对象的特殊性以及特定环境，对建筑内部空间进行规划和组织，从而创造出有利于使用者物质与精神层面需求的安全、卫生、舒适的居住环境。

室内设计分为方案设计阶段和施工设计阶段两个方面。方案设计阶段形成的方案图，一般为手绘图；施工阶段形成施工图，施工图是施工的主要依据，因此对准确性要求很高，一般采用计算机绘制。

8.1.1 室内设计的概念

室内设计是指根据建筑物的使用性质、所处环境和相应标准，基于一定的设计理念和物质技术手段，对建筑物室内环境的空间及其界面、家具、灯光、陈设和绿化等要素进行的组织和设计。从而创造安全、舒适、优美并具备鲜明特色和独特艺术吸引力的室内环境。

8.1.2 室内设计的内容

一套完整的室内设计图包括施工图和效果图，室内装潢施工图完整、详细地表达了装饰的结构、材料构成以及施工的工艺技术等要求，是室内装修过程中每个工种、工序的相关施工人员的施工依据，因此，施工图要求要准确详细，下左图为施工图中的平面布局图。设计效果图是在施工图的基础上，室内设计师通过创意构思并将其形象再现后的成果图，一般采用彩色透视图的形式表达出来，以便对装修进行评估，下右图为客厅设计效果图。

平面布局图
SCALE: 1:70

　　一套完整的施工图包括建筑平面图、平面布局图、地面铺装图、顶棚平面图、立面背景图、电气布置图和给排水图等。

- **建筑平面图：** 建筑平面图是指在经过实际测量后，设计师将测量结果用图纸形式表达出来的图纸，包括房型结果、空间关系以及尺寸等。建筑平面图是后续绘制平面布局图、地面铺装图等一系列图纸的基础，下左图为某两居室的建筑平面图。

- **平面布局图：** 平面布局图是设计师根据业主的要求结合自身的设计理念，对室内空间进行详细的功能划分和室内设施定位。平面布局图主要内容包括：空间布局、大小、门窗、家具、人活动路线、绿化以及空间层次等，下右图为某两居室的平面布局图。

建筑平面图

SCALE: 1:70

平 面 布 局 图

SCALE: 1:70

- **地面铺装图：** 地面铺装图是用来表示地面用材和形式的图样，其形成方法与平面布局图相似，不同的是不需要绘制室内家具，只需绘制地面所用的材料和固定于地面的设备与设施图形，下左图为某两居室的地面铺装图。

- **顶棚平面图：** 顶棚平面图主要用来反应顶棚的造型以及灯具布置状况和类型，同时也表达了空间组合的标高关系和尺寸等，下右图为顶棚平面图。

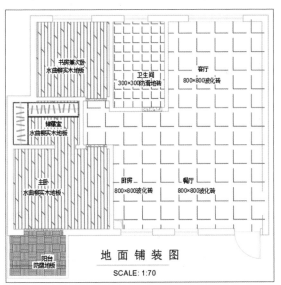

地 面 铺 装 图

SCALE: 1:70

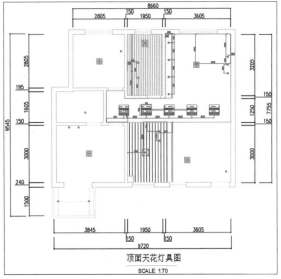

顶面天花灯具图

SCALE: 1:70

- **电气布置图**：电气布置图用来反映室内的配电情况，包括照明、插座、开关等线路的铺设方式和安装说明，以及配电箱的规格、型号和配置等。

- **立面背景图**：立面背景图是一种与垂直界面平行的正投影图，需要表达的内容为四个面所围合成的垂直界面的轮廓和轮廓里面的内容，如右图所示。

- **给排水图**：家庭装潢中管道有给水和排水两个部分，给排水施工图用于描述室内给水和排水管道、开关等设施的布置和安装情况。

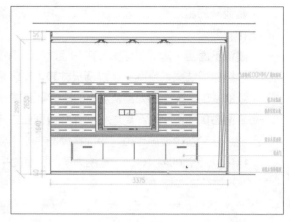

8.2 绘制室内装饰常见图例

在进行室内设计时，绘制常见的装饰图例是非常常见的，如灯具、开关、柜、床、桌、椅等图形。在进行AutoCAD绘图过程中，用户可以将绘制好的图形保存成块存在图库中，以方便后期调用。本节针对常见图例中的床、床头柜、衣柜、椅子的绘制方法做详细介绍。

8.2.1 绘制床和床头柜

床和床头柜是室内设计中比较常见的图例，一般可以分为实木床、人造板床、布艺床、金属床等，下面详细讲解双人实木床的绘制方法。

步骤 01 执行"文件>新建"命令，新建一个图形文件，如下左图所示。

步骤 02 要绘制床框架，则调用矩形工具，绘制一个2000×1800的矩形，并调用"分解"命令，将其分解，如下右图所示。

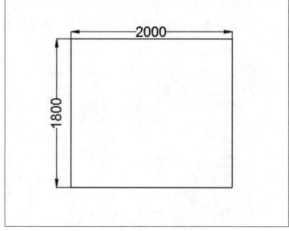

步骤 03 要绘制床垫框架，则调用"偏移"命令，将矩形左边线向右偏移75；调用"圆角"命令，在右边线绘制半径为50的圆角，如下左图所示。

步骤 04 要绘制床头柜框架，则调用"矩形"命令，绘制两个500×650的矩形，如下右图所示。

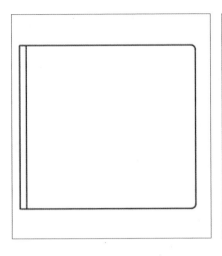
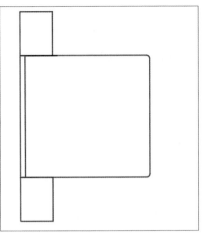

步骤 05 调用"矩形"命令，配合"圆弧"命令，绘制两个枕头边框，如下左图所示。

步骤 06 要绘制地毯及床边柜边框，则调用"多段线"命令，绘制地毯边框；调用"矩形"命令，绘制矩形，具体尺寸如下右图所示。

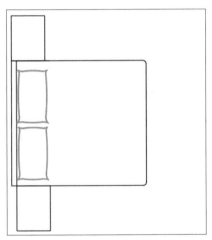
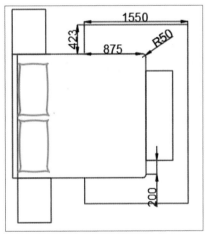

步骤 07 调用"圆弧"和"多段线"命令，绘制枕头与被子翻折线，如下左图所示。

步骤 08 要绘制台灯，则调用"圆"命令，以床头柜几何中心为圆心，分别绘制半径为50、80、180的圆。调用"直线"命令，通过圆心绘制一个十字，调用"偏移"命令，将床头柜向内偏移30，如下右图所示。

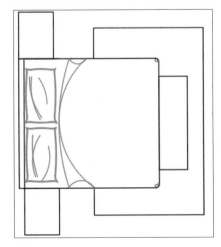
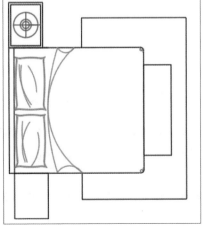

步骤 09 调用"复制"命令，以床头柜几何中心为基点，复制另一个台灯，如下左图所示。

步骤 10 调用"图案填充"命令，选择填充图案为COST_CLASS，比例设置为50，来填充被子图案；选择填充图案为GRASS，颜色为115，比例设置为20，来填充地毯图案，如下中图所示。

步骤 11 至此床双人床与床柜绘制完成，如下右图所示。

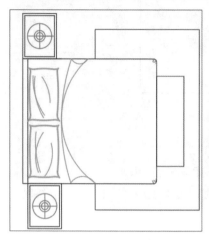 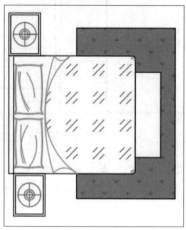 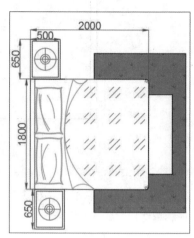

8.2.2 绘制更衣室衣柜

在室内设计中，常常需要绘制家具图，接下来将详细介绍更衣室衣柜绘制的操作步骤。

1. 绘制衣柜立面图

步骤 01 新建图形文件，调用"矩形"命令，绘制一个1940×2560的矩形，并调用"分解"命令，将其分解，如下左图所示。

步骤 02 调用"偏移"命令，绘制衣柜边框，如下中图所示。

步骤 03 调用"直线"和"偏移"命令，划分衣柜；调用"修剪"命令，整理图形，如下右图所示。

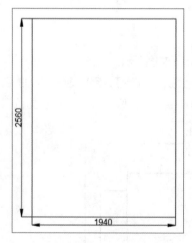 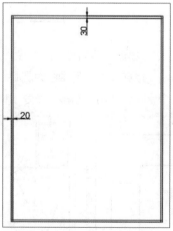 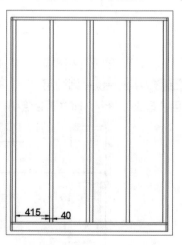

步骤 04 调用"偏移"和"修剪"命令，继续整理图形，如下左图所示。

步骤 05 调用"图案填充"命令，选择填充图案为LINE，比例为20，颜色为33号色，然后填充柜门，如下中图所示。

步骤 06 调用"插入"命令，从图库中插入"衣柜花纹.dwg"图块，如下右图所示。至此更衣室衣柜立面图绘制完毕。

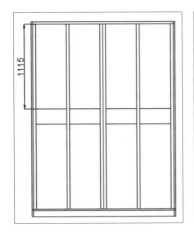
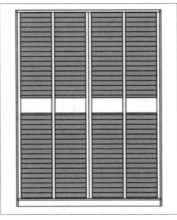
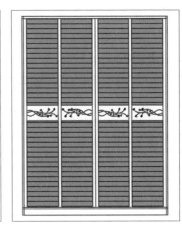

2. 绘制衣柜内部结构图

衣柜内部结构图为衣柜门打开正面看上去的投影图，它可以清楚地将衣柜内部结构表达清楚。

步骤 01 调用"复制"命令，删除衣柜门以及其他与结构无关的图形，如下左图所示。

步骤 02 调用"直线"、"偏移"和"修剪"命令，绘制衣柜层板，如下中图所示。

步骤 03 调用"偏移"、"矩形"和"修剪"命令，绘制抽屉，如下右图所示。

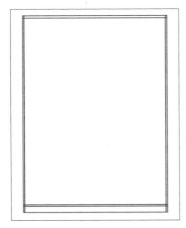
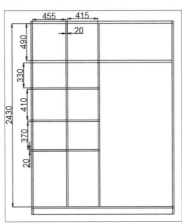
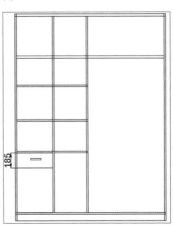

步骤 04 调用"复制"命令，复制抽屉，如下左图所示。

步骤 05 按照相同的方法绘制其他抽屉，如下中图所示。

步骤 06 调用"直线"、"多段线"和"偏移"命令，绘制挂衣杆，如下右图所示。

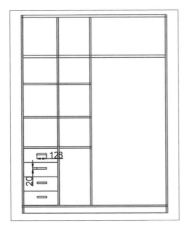
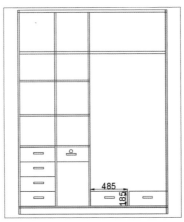
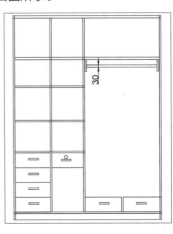

步骤 07 从图库中插入花瓶、摆件、衣服等图块，如下左图所示。

步骤 08 调用"线性标注"和"连续标注"命令，对衣柜内部结构尺寸进行标注，如下右图所示。至此，衣柜内部结构图绘制完毕。

 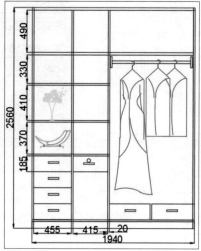

8.2.3 绘制吧台转椅

接下来介绍吧台转椅的绘制方法，具体操作步骤如下。

步骤 01 要绘制转椅椅面，则首先调用"矩形"命令，绘制一个450×30的矩形；调用"圆角"命令，对矩形4个角倒圆角，圆角半径为5，如下左图所示。

步骤 02 调用"多段线"和"镜像"命令，绘制转椅椅面，如下右图所示。

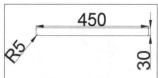 

步骤 03 要绘制椅腿部分，则调用"矩形"命令，分别绘制150×15、75×15、36×510的矩形，如下左图所示。

步骤 04 要绘制脚蹬部分，则调用"多段线"命令，绘制脚蹬部分，并调用"修剪"命令，修剪多余线条，如下中图所示。

步骤 05 调用"多段线"、"矩形"和"圆角"命令，绘制椅腿部分，如下右图所示。

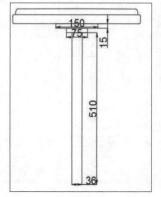 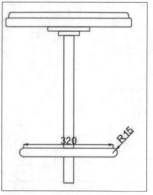 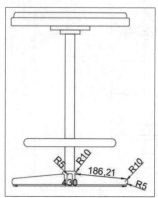

步骤 06 调用"圆"命令，绘制半径分别为30和20的圆，结合"直线"和"修剪"命令，绘制椅腿中间滚轮，如下左图所示。

步骤 07 调用"圆"命令，绘制半径分别为30和20的圆，结合"直线"、"圆弧"和"修剪"命令，绘制椅腿左侧滚轮，如下中图所示。

步骤 08 调用"镜像"命令，镜像右侧滚轮，完成吧台转椅的绘制，如下右图所示。

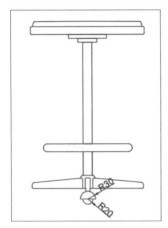 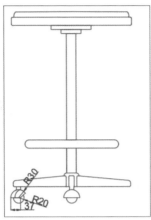 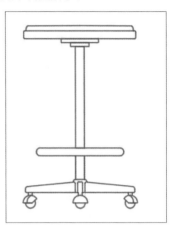

8.3 绘制场景材质

家居环境是人们日常生活、工作、休息、学习的重要场所，根据居住建筑的功能不同，可以分为客厅、卧室、书房、厨房和卫生间等。本节将在原始建筑平面图的基础上，介绍平面布局图、地面铺装图以及顶面天花灯具图的绘制，使大家在绘制过程中对室内设计有一个全面的了解。

8.3.1 绘制平面布局图

平面布局图是在建筑平面图的基础上，设计师根据业主的要求结合自身的设计理念，对室内空间进行详细的功能划分和室内设施定位。绘制平面布局图的一般步骤为，先对原始平面图进行修整，然后分区插入室内家具图块，最后进行尺寸标注，下左图为原始平面图，下右图为平面布局图。

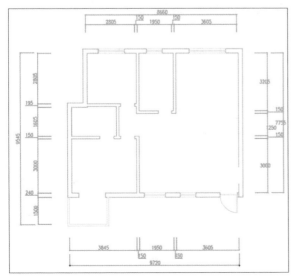 

步骤 01 调用"复制"命令，将原始平面图复制一份到绘图区的空白处，如下左图所示。

步骤 02 调用"直线"、"圆"和"偏移"命令，绘制入户门，并调用"修剪"命令，修剪多余线条，如下右图所示。

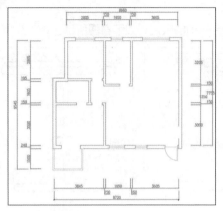 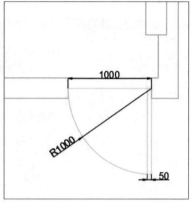

步骤 03 调用"复制"和"旋转"命令，绘制其他门，并调用"单行文字"命令，进行文字标注，增加空间的识别度，如下左图所示。

步骤 04 调用"矩形"、"直线"和"偏移"命令，绘制鞋柜，如下右图所示。

 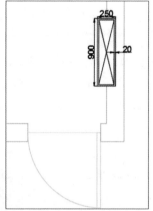

步骤 05 新建"厨具"图层，颜色设为242号色，并将其置为当前图层，调用"多段线线"命令，绘制灶台轮廓线，如下左图所示。

步骤 06 调用"圆"和"圆角"命令，完善灶台轮廓线，并调用"插入"命令，插入随书光盘的"洗菜池.dwg"与"煤气灶.dwg"图块，如下右图所示。

步骤 07 插入其他图块，调用"插入"命令，分别插入随书光盘中的"冰箱.dwg"、"餐桌.dwg"、"吧台椅.dwg"图块，如下左图所示。

步骤 08 要绘制客厅布局，则调用"插入"命令，插入随书光盘中的"沙发茶几.dwg"图块，如下右图所示。

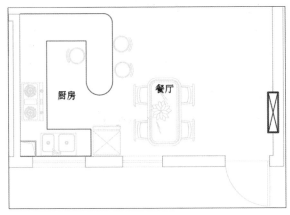 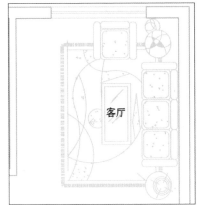

步骤 09 调用"直线"、"矩形"和"圆弧"命令，绘制液晶电视，如下左图所示。

步骤 10 调用"多段线"和"直线"命令，绘制电视下方电视柜及音响，如下右图所示。

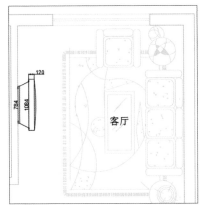 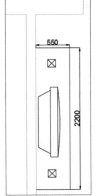

步骤 11 要绘制卫生间布局，则调用"插入"命令，插入随书光盘中的"洗漱盆.dwg"、"马桶.dwg"、"浴缸.dwg"图块，如下左图所示。

步骤 12 要绘制次卧布局，则调用"插入"命令，插入随书光盘中的"次卧床.dwg"图块，并调用"直线"命令，绘制电脑桌和拼装式衣柜，如下右图所示。

步骤13 调用"插入"命令，插入随书光盘中的"桌前椅.dwg"图块，如下左图所示。

步骤14 要绘制储藏室衣柜，则调用"矩形"命令，分别绘制560×2515、560×1585的矩形，调用"偏移"命令，将衣柜边框线向内偏移20，如下右图所示。

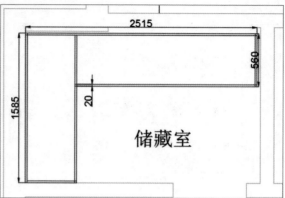

步骤15 要绘制衣架，则调用"矩形"命令，绘制300×23的矩形；调用"复制"命令，复制矩形，并调用"旋转"命令，调整矩形角度，如下左图所示。

步骤16 要绘制主卧布局，则调用"插入"命令，插入随书光盘中的"主卧床.dwg"及"主卧电视柜，电视.dwg"图块，如下右图所示。

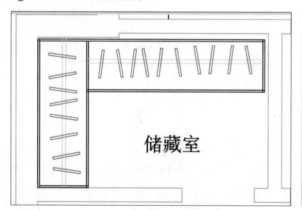
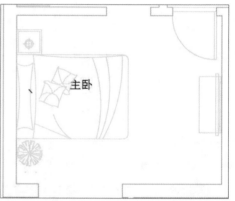

步骤17 要绘制阳台布局，则调用"插入"命令，插入随书光盘中的"洗衣机.dwg"图块，如下左图所示。

步骤18 要绘制污水斗，则调用"矩形"命令，绘制370×370的矩形；调用"偏移"命令，将矩形向内偏移20，如下右图所示。

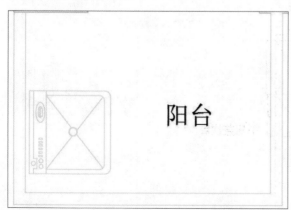
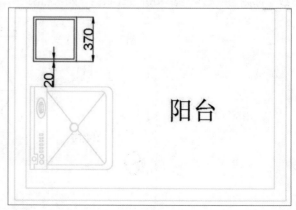

步骤 19 接着完善污水斗图形，则调用"圆角"命令，对内外矩形执行倒圆角操作，圆角半径分别为45、25；调用"圆"命令，绘制半径为25的圆，如下左图所示。

步骤 20 调用"线性标注"命令，对平面布置图进行标注；调用"多行文字"命令，绘制图例说明，完成平面布局图的绘制，如下右图所示。

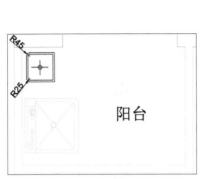

8.3.2 绘制地面铺装图

地面铺装图又叫做"地材图"，是用来表示地面用材和铺设形式的图样，一般的绘制步骤是先对平面布局图进行清理，再对需要填充的部分进行图案填充以表示地面材质，最后绘制图例说明。下左图为平面布局图，下右图为本例绘制的地面铺装图。

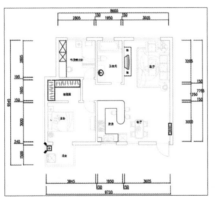
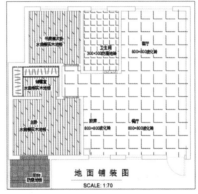

步骤 01 调用"复制"命令，将"平面布局图.dwg"复制一份到绘图区的空白处，如下左图所示。

步骤 02 调用"删除"命令，删除家具图形；调用"多行文字"命令，标注地面材料，如下右图所示。

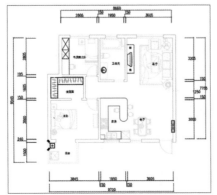

步骤03 新建"铺地"图层，颜色设置为6号，并将其设置为当前图层，调用"直线"命令，将门洞描边，如下左图所示。

步骤04 要填充过门石，则调用"图案填充"命令，选择AR-CONC填充图案，颜色设置为红色，拾取内部点填充，如下右图所示。

步骤05 要填充卫生间防滑地砖，则调用"图案填充"命令，选择ANGLE填充图案，比例设置为50，拾取内部点填充，如下左图所示。

步骤06 要填充次卧、主卧和储藏室地板，则调用"图案填充"命令，选择DOLMIT填充图案，比例设置为20，角度设置为90，拾取内部点填充，如下右图所示。

步骤07 要填充阳台，则调用"图案填充"命令，选择AR-PARQ1填充图案，比例设置为1，拾取内部点填充，如下左图所示。

步骤08 要填充厨房、餐厅和客厅，则调用"图案填充"命令，选择ANGLE填充图案，比例设置为100，拾取内部点填充，如下右图所示。

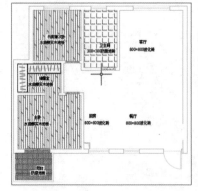 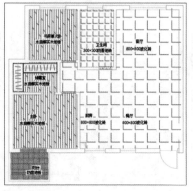

步骤 09 调用"多段线"和"多行文字"命令，绘制图例说明，完成"地面铺装图.dwg"的绘制，如下图所示。

8.3.3 绘制顶面天花灯具图

顶棚平面图主要用来反应顶棚的造型以及灯具布置状况和类型，同时也表达了空间组合的标高关系和尺寸。与平面布局图相同，顶棚图也是室内设计图中不可缺少的图样，本例以顶面天花灯具图为例，对绘制过程进行具体介绍。

步骤 01 调用"复制"命令，将"平面布局图.dwg"复制一份到绘图区的空白处，如下左图所示。

步骤 02 调用"删除"命令，删除家具图形和文字标注等内容，如下右图所示。

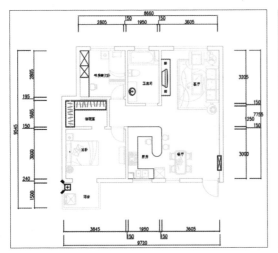
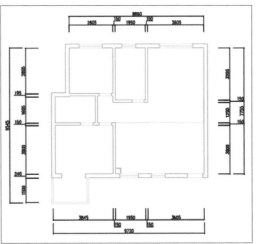

步骤 03 要绘制厨房顶棚造型，则调用"偏移"命令，将墙体线分别向右偏移2200、2500，绘制顶棚造型；调用"图案填充"命令，选择ANSI31填充图案，比例设置为50，角度为45°，如下左图所示。

步骤 04 要绘制厨房顶棚灯，则调用"偏移"命令，将右侧轮廓线向内偏移50，并将其改为虚线；继续调用"偏移"命令，确定顶棚灯的位置，调用"矩形"命令，绘制355×355的矩形；调用"插入"命令，插入随书光盘中的"筒灯.dwg"图块，如下右图所示。

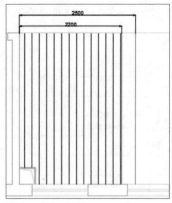 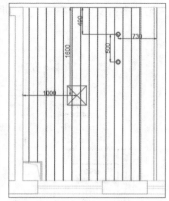

步骤 05 要绘制走廊顶棚灯，则调用"偏移"命令，确定走廊顶棚灯的位置；调用"直线"、"矩形"命令，绘制轮廓；调用"图案填充"命令，选择CLAY填充图案，比例设置为50，拾取内部点填充，如下左图所示。

步骤 06 继续绘制走廊顶棚灯，则调用"插入"命令，插入随书光盘中的"筒灯.dwg"图块；调用"复制"命令，复制其他灯筒，如下右图所示。

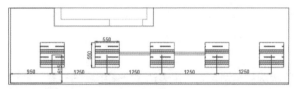 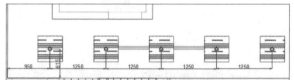

步骤 07 要绘制客厅两侧顶棚造型，则调用"偏移"命令，将右侧墙体向左偏移150，靠近次卧的一边向右偏移185、350、400，并将偏移350的那条线改为虚线；继续调用"偏移"命令，将上面墙体向下偏移，确定筒灯中心位置，如下左图所示。

步骤 08 调用"插入"命令，插入随书光盘中的"筒灯.dwg"图块；调用"复制"命令，复制其他灯筒，并删除多余线条，如下右图所示。

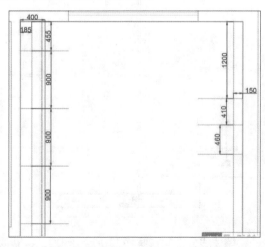 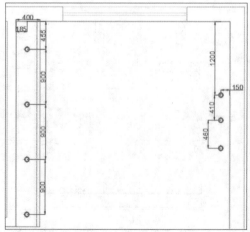

步骤 09 要绘制客厅中间大灯造型，则调用"偏移"命令，将上面墙体向下偏移1620，右侧墙体向左偏移1900，确定大灯中心位置；调用"插入"命令，插入随书光盘中的"大灯.dwg"图块，如下左图所示。

步骤 10 要绘制卫生间顶棚造型，则调用"插入"命令，插入随书光盘中的"浴霸.dwg"图块；调用"直线"命令，每隔100绘制一条直线，如下右图所示。

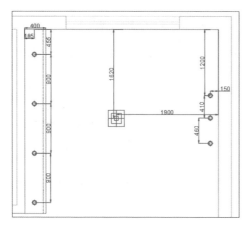
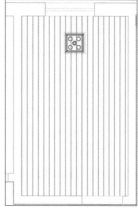

步骤 11 继续绘制卫生间顶棚造型，则调用"偏移"命令，将下面墙体向上偏移900、1235、1700，左侧墙体向右偏移250、600，确定吸顶灯的中心位置；调用"插入"命令，插入随书光盘中的"筒灯.dwg"图块，如下左图所示。

步骤 12 调用"复制"命令，复制客厅大灯到次卧、大卧室、餐厅的指定位置，如下右图所示。

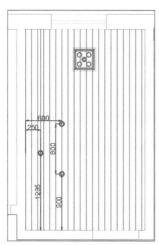
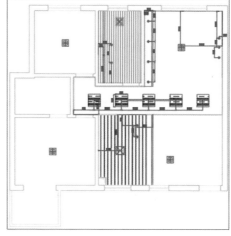

步骤 13 调用"复制"命令，复制筒灯到次卧、大卧室、阳台、门厅的指定位置，如下左图所示。

步骤 14 调用"多段线"和"多行文字"命令，绘制图例说明，完成顶面天花灯具图的绘制，如下右图所示。

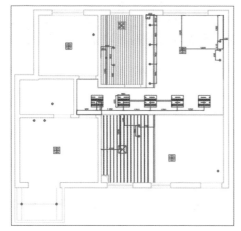
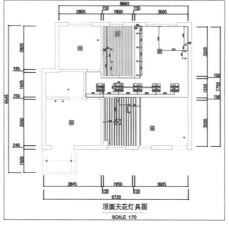

顶面天花灯具图
SCALE 1:70

Chapter 09 机械设计与绘图

本章概述

机械设计是根据使用要求对机械的工作原理、结构形状、运动方式、各个零件尺寸大小以及使用的材料等进行构思、分析，并以图样的方式将其表现出来的过程。本章主要以绘制零件图和装配图为例，介绍AutoCAD软件在机械设计领域的应用。

核心知识点

❶ 了解机械设计制图的概念
❷ 了解零件图和装配图的组成
❸ 掌握零件图的绘制方法
❹ 掌握装配图的绘制方法
❺ 掌握零件图和装配图的标注方法

9.1 机械设计制图概述

机械制图是指通过图样的方式表达机械的尺寸大小、结构形状以及工作原理和技术要求的一门学科。图样是设计和制造机械的重要技术文件，是表达设计意图、交流技术思想的一种工程语言。使用AutoCAD绘制机械图样，更加精确、方便、快捷。

9.1.1 机械设计的概念

机械设计是机械工程的重要组成部分，是在材料、加工性能等限定条件下设计出好的机械，并优化设计的过程。机械设计贯穿设计、制造、使用和维护整个环节，因此机械设计必须严格按照国家标准规定进行设计，每一步都不能马虎。

9.1.2 机械设计制图的内容

机械设计行业有别于其他设计行业的最重要一点是，在设计和绘制图样时，必须严格按照国家标准进行设计，各个零部件的尺寸、材料、加工方法、技术要求都需要严格遵守标准，容不得半点马虎。机械制图主要包括零件图和装配图。

- 零件图由机械图形、尺寸标注、技术要求以及标题栏组成。
- 装配图由机械图形、几何尺寸、技术要求、明细栏以及标题栏组成。

9.2 绘制机械零件图

零件图是表达单个零件尺寸、结构和技术指标的图样，又称为零件工作图，是制造和检验机器零件的重要技术文件。

9.2.1 零件图的内容

一张完整的零件图一般包括以下四个方面内容。

- **一组表达零件的图形**：在机械零件图中，用一组视图正确、完整、清晰地表达零件各部分的结构和形状，这组视图包括零件的各种表达视图、剖视图、局部放大图、断面图以及其他画法。

- **一组尺寸**：零件图中应正确、清晰、完整、合理地标注零件制造 、检验时的完整尺寸。
- **技术要求**：用符号和代号进行标记，以简要的文字表达零件在制造和检验时应达到的各项技术指标和要求。
- **标题栏**：在标题栏中，一般应填写零件的名称、材料、比例、设计单位以及设计、审核和日期等。

9.2.2　零件的类型

机器或者部件都是由一个个零件配合组成，零件是否符合标准直接影响机器或部件的使用。零件按照在机器或部件中所起的作用以及机构是否标准，可以分为以下3类。

- **标准件**：标准件是指结构和尺寸全部标准化的零部件，在国家制图标准中已经制定了标准件的规定画法以及标注方法。常用的标准件有螺栓、螺母、键、销以及滚动轴承等。
- **常用件**：常用件是指在各种仪器、仪表、机器中被广泛应用的零件，例如螺栓、螺母、弹簧、齿轮、滚动轴承、键、销等。
- **一般零件**：一般零件是除了标准件和常用件外所有的零件，一般零件的尺寸大小、形状结构以及技术要求由相关部件的设计要求和制造工艺而定。一般零件按照功能和结构特点可以分为轴套类零件、箱体类零件、盖盘类零件以及叉架类零件4种。

9.2.3　绘制支架零件图

机械零件按照形状大致可以分为轴套类零件、轮盘类零件、叉架类零件以及箱体类零件四个类型，下面我们以绘制叉架类零件支架为例，具体介绍零件的绘制方法。

1. 绘制主视图

步骤 01 执行"文件>新建"命令，新建空白文件。在"默认"选项卡下，单击"图层"面板中的"图层特性"按钮，新建图层，如下左图所示。

步骤 02 在"默认"选项卡下，单击"特性"面板中的"线型"下三角按钮，在下拉列表中选择"其他"选项，弹出"线型管理器"对话框，设置"全局比例因子"为0.5，如下右图所示。

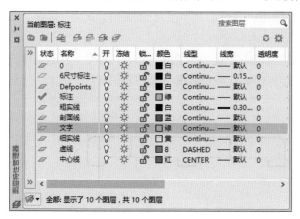
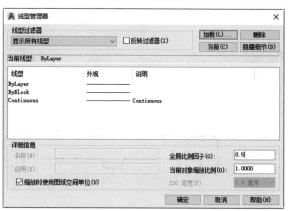

步骤 03 切换"中心线"为当前图层，在"默认"选项卡下，单击"绘图"面板中的"直线"按钮，绘制长度为500的互相垂直的中心线作为辅助线，如下左图所示。

步骤 04 切换"粗实线"为当前图层，单击"绘图"面板中的"圆"按钮，绘制半径分别为36和46的同心圆，如下中图所示。

步骤 05 调用 "圆"命令，绘制半径分别为3.5和8的圆，调用"相切、相切、半径"命令，绘制一个半径为10并与R8、R46相切的圆；调用"修剪"命令，修剪多余线条，如下右图所示。

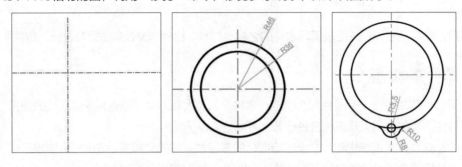

步骤 06 调用 "环形阵列"命令，设置项目数为3，阵列步骤 05所绘制的图形，如下左图所示。

步骤 07 调用 "偏移"命令，将竖直方向中心线向左、右分别偏移12，水平方向中心线向上偏移52，调用"修剪"命令，修剪多余线条，如下中图所示。

步骤 08 调用 "偏移"命令，将水平方向中心线向下偏移170，确定支架底座位置；调用"矩形"命令，绘制一个140×20的矩形；调用"移动"命令，将矩形移动到相应位置，如下右图所示。

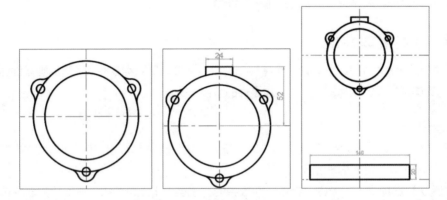

步骤 09 调用 "分解"命令，分解矩形；调用"偏移"命令，将矩形下边线向上偏移6，右边线向左分别偏移12、64；调用"修剪"命令，修剪多余线条；调用"圆角"命令，倒半径为3的圆角；调用"镜像"命令，镜像另一半凹槽，如下左图所示。

步骤 10 调用 "偏移"命令，将竖直中心线向左、向右分别偏移35；继续调用"偏移"命令，将新偏移的中心线分别向左、向右偏移4；调用"圆角"命令，将矩形倒半径为5的圆角，如下右图所示。

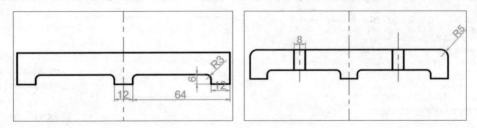

步骤 11 调用 "偏移"命令，将竖直中心线向左、向右分别偏移55、41。切换"粗实线"图层为当前图层，调用"直线"命令，分别连接A、B和C、D的点，如下左图所示。

步骤 12 调用 "偏移"命令，将外轮廓线向内偏移9，将水平中心线向下偏移82，竖直中心线分别向左、向右偏移4.5；调用"圆角"命令，分别倒R5、R20的圆角；调用"直线"命令，连接矩形轮廓并删除多余线条，如下右图所示。至此，主视图绘制完毕。

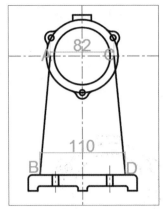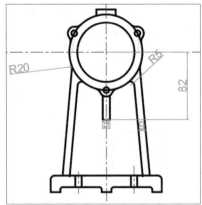

2. 绘制剖视图

步骤 01 利用投影关系，调用"构造线"命令，绘制剖视图主要轮廓线，如下左图所示。

步骤 02 调用"偏移"命令，将左轮廓线向右分别偏移39、44；调用"修剪"命令，修剪多余线条，如下右图所示。

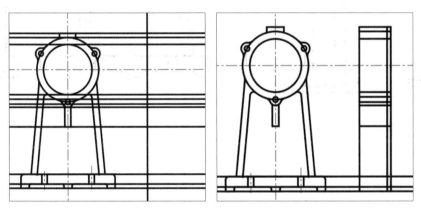

步骤 03 切换"中心线"为当前图层，绘制中心线为辅助线。调用"偏移"命令，将左轮廓线向右分别偏移4、13；调用"修剪"命令，修剪多余线条，如下左图所示。

步骤 04 切换"粗实线"图层为当前图层，调用"直线"命令，连接两点；调用"偏移"命令，将右轮廓线向左偏移10，将左轮廓线向右分别偏移32、64，向左偏移11；调用"修剪"命令，修剪多余线条，如下右图所示。

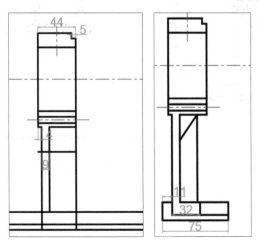

步骤 05 调用"偏移"命令，将上端孔中心线分别向左、向右偏移4、5；调用"修剪"命令，修剪多余线条；调用"圆角"命令，倒R3、R5的角，如下左图所示。

步骤 06 切换"剖面线"图层为当前图层，调用"图案填充"命令，选择JIS_WORD填充图案，比例设置为5，填充剖面部分，如下中图所示。

步骤 07 至此，剖视图与主视图都绘制完成，如下右图所示。

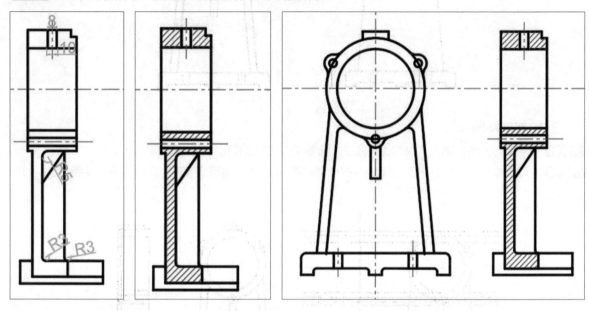

3. 标注尺寸和文本

步骤 01 切换"标注"图层为当前图层，分别调用"线性标注"、"半径标注"和"直径标注"命令，对零件外形尺寸、圆弧半径、圆直径进行标注，如下左图所示。

步骤 02 调用"插入"命令，插入"支架图框.dwg"块，如下右图所示。

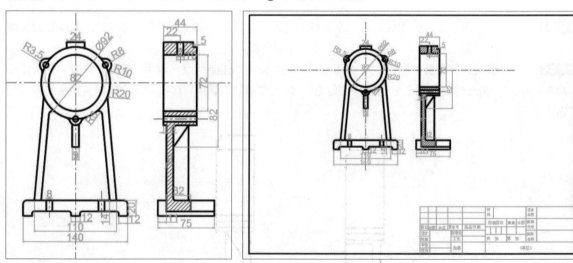

步骤 03 调用"多行文字"命令，输入技术要求、名字、材料、比例等文本内容，如下图所示。至此，整个支架零件图绘制完成。

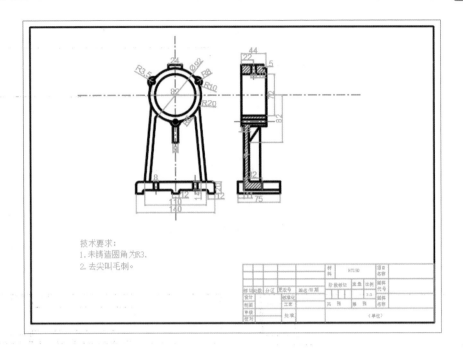

9.2.4　绘制轴类零件图

　　轴套类零件属于回转体零件，大多数轴的长度大于它的直径。下面以轴套类零件车床尾座空心套为例，具体介绍轴套类零件的画法。

1. 绘制车床尾座空心套剖面图

步骤 01 执行"文件>新建"命令，新建空白文件。在"默认"选项卡下，单击"图层"面板中的"图层特性"按钮，新建图层，如下左图所示。

步骤 02 在"默认"选项卡下，单击"特性"面板中的"线型"下三角按纽，在下拉列表中选择"其他"选项，弹出"线型管理器"对话框，设置"全局比例因子"为0.5，如下右图所示。

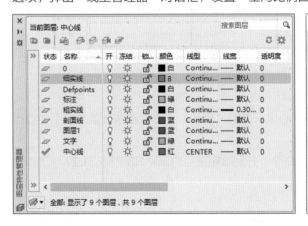
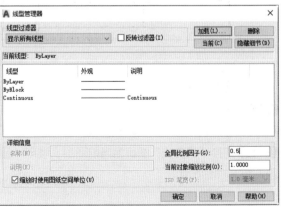

步骤 03 切换"中心线"图层为当前图层，在"默认"选项卡下，单击"绘图"面板中的"直线"按钮，绘制长度为300的水平中心线作为辅助线，如下左图所示。

步骤 04 切换"粗实线"图层为当前图层，调用"直线"命令，在中心线左端绘制一条垂直与中心线长度为100的直线；调用"偏移"命令，将左侧轮廓线向右偏移260，将中心线向上、向下分别偏移27.5；调用"修剪"命令，修剪多余线条，如下右图所示。

步骤05 调用"偏移"命令,将中心线向上偏移17.5、19.5,将右侧轮廓线向左偏移2、39、42;调用"直线"命令,绘制直线,并配合调用"修剪"命令,修剪多余线条;调用"镜像"命令,镜像另外一半,如下左图所示。

步骤06 调用"偏移"命令,将左侧轮廓线向右偏移20.5、74.5、148.5、160,将竖直中心线,向左、向右分别偏移2.5,将上轮廓线向下偏移2,下轮廓线向上偏移2,调用"修剪"命令,修剪多余线条,如下右图所示。

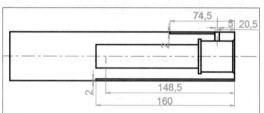

步骤07 调用"圆"命令,绘制R5的圆;调用"倒圆角"命令,倒R2的圆角。调用"偏移"命令,将中心线分别向上、向下都偏移15.635、16.635;调用"直线"命令,连接相应点;调用"修剪"命令,修剪多余线条,如下左图所示。

步骤08 调用"倒角"与"倒圆角"命令,分别倒尺寸为2的倒角以及半径为1的圆角;调用"圆"命令,绘制半径为2的圆,切换"细实线"图层为当前图层,绘制半径为3的3/4圆,切换"剖面线"图层为当前图层。调用"图案填充"命令,选择JIS_WORD填充图案,比例设置为5,填充剖面部分,如下右图所示。

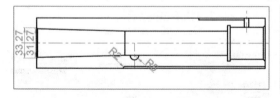
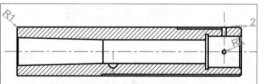

2. 绘制右视图

步骤01 切换"中心线"图层为当前图层,延伸水平中心线;调用"直线"命令,绘制一条与水平中心线垂直的竖直中心线,作为辅助线,如下左图所示。

步骤02 切换"粗实线"图层为当前图层,调用"圆"命令,分别绘制直径为55、33.27、31.27、26.5的圆,如下右图所示。

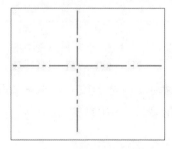
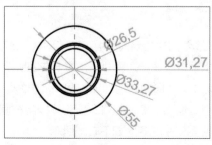

步骤 03 至此，剖视图与右视图绘制完毕，如下图所示。

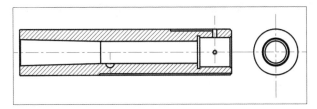

3. 标注尺寸和文本

步骤 01 切换"标注"图层为当前图层，分别调用"线性标注"、"半径标注"和"直径标注"命令，对零件外形尺寸、圆弧半径、圆直径进行标注，如下图所示。

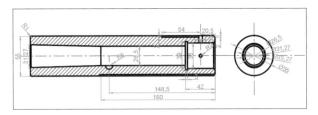

步骤 02 调用"插入"命令，插入"图框.dwg"块，如下图所示。

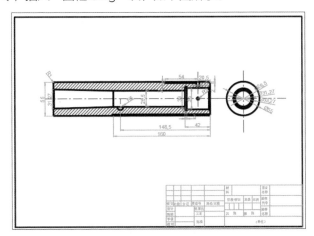

步骤 03 调用"多行文字"命令，输入技术要求、名字、材料、比例等文本，如下图所示。至此，整个车床尾座空心套零件图绘制完成。

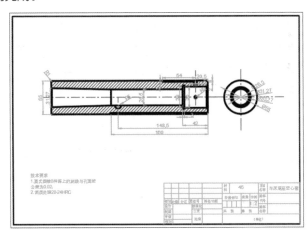

9.3 绘制机械装配图

装配图是制定装配工艺流程、进行装配、检验、安装以及维修的技术指导文件。在机械设计过程中，装配图位于零件图之前，一般是先画出装配图，再根据装配图拆画成零件图。生产过程中，则是先根据零件图生产出零件，再根据装配图装配成机器或部件。

9.3.1 装配图的内容

装配图主要用于表达机器或部件之间的相对位置、结构形状、装配关系和工作原理，一张完整的装配图应包括以下几点。

- **一组图形**：通过不同视图来表达机器或部件的工作原理，包括零件之间的装配关系、连接方式、传动路线以及主要零件的结构形状等。
- **一组尺寸**：通过一组必要的尺寸标注出机器或部件的规格性能、总体尺寸、装配以及检验、安装时必须具备的尺寸。
- **技术要求**：用文字、标记或代号的方式表示出机器或部件在装配、调试、检验、运输和安装过程中必须达到的技术要求。
- **零件编号、标题栏、明细栏**：标题栏位于图纸的右下角，用来表面机器或部件的名称、图号、比例以及设计、制图、校核人员签名等。各零件必须标上一定顺序的编号，并在明细栏中依次填写组成零件的序号、名称、材料、数量、标注零件的国标代号等。

9.3.2 绘制开关杠杆装配图

装配图的绘制步骤与零件图类似，主要不同点是绘制装配图时，要从整个装配体的结构特点和工作原理出发来确定合理的表达方案。下面以绘制开关杠杆为例，具体介绍装配图的绘制方法。

1. 绘制俯视图

步骤01 执行"文件>新建"命令，新建空白文件。在"默认"选项卡下，单击"图层"面板中的"图层特性"按钮，新建图层，如下左图所示。

步骤02 在"默认"选项卡下，单击"特性"面板中的"线型"下三角按钮，在下拉列表中选择"其他"选项，弹出"线型管理器"对话框，设置"全局比例因子"为0.3，如下右图所示。

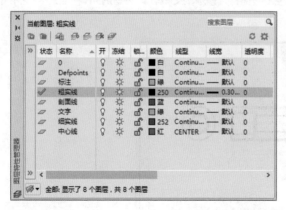

步骤03 切换"中心线"图层为当前图层，调用"直线"命令，绘制长度为80相互垂直的中心线作为辅助线，如下左图所示。

步骤 04 调用"偏移"命令,将竖直中心线分别向右偏移8、9、12、13、18、26、51,将水平中心线向上分别偏移2、3、5、8.75、20,如下右图所示。

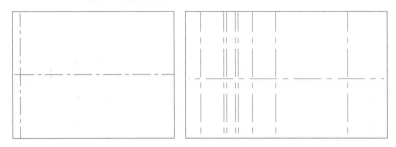

步骤 05 切换"粗实线"图层为当前图层,调用"直线"命令,配合已偏移的中心线绘制直线,删除多余辅助线,如下左图所示。

步骤 06 切换"中心线"图层为当前图层,调用"偏移"命令,将左侧竖直中心线向右偏移6、13、20,将水平中心线向上偏移14,如下右图所示。

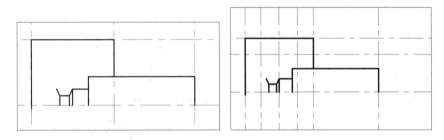

步骤 07 切换"粗实线"图层为当前图层,调用"圆"命令,以偏移的中心线交点为圆心,分别绘制半径为2、4、1.25的圆,如下左图所示。

步骤 08 调用"圆角"命令,将矩形左上角倒半径为4的圆角,调用"镜像"命令,镜像图形,并删除多余辅助线,如下右图所示。

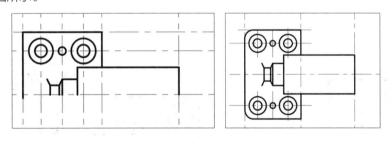

步骤 09 调用"圆"命令,以矩形几何中心为圆心,绘制半径分别为1、1.5的同心圆。调用"偏移"命令,将中心线分别向右偏移18.5、21、23.5,水平中心线向上偏移24.5、30,向下偏移10,如下左图所示。

步骤 10 调用"直线"命令,配合已偏移的中心线绘制杠杆,删除多余辅以线,如下右图所示。

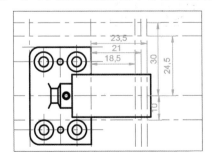
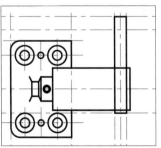

步骤11 调用"偏移"命令，将杠杆水平中心线分别向上偏移1、1.5、2、2.5、3、4，竖直中心线向右偏移5.5、6.5、7.5、10.5、11.5，向左偏移4、5、6、7，如下左图所示。

步骤12 调用"直线"命令，配合已偏移的中心线绘制轴，删除多余辅以线，如下右图所示。

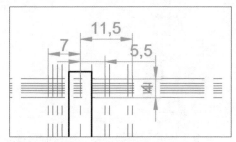 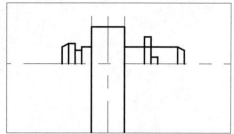

步骤13 调用"镜像"命令，以中心线为镜像线，镜像轴的另外一半，并删除多余辅助线，如下左图所示。

步骤14 调用"偏移"命令，右侧轮廓线分别向右偏移1、3、4、5、9、10，水平中心线分别向上偏移1、3、4、5、7.75，如下右图所示。

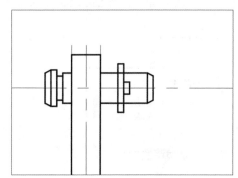 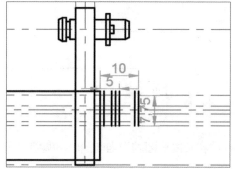

步骤15 调用"直线"命令，配合已偏移的中心线绘制直线，调用"修剪"命令，修剪多余线条，并删除多余辅以线，如下左图所示。

步骤16 调用"镜像"命令，以中心线为镜像线，镜像轴的另外一半，并删除多余辅助线，整理图形，完成俯视图的绘制，如下右图所示。

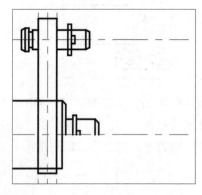 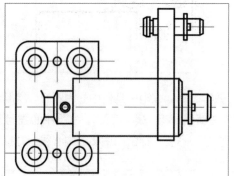

2. 绘制主剖视图

步骤01 切换"粗实线"图层为当前图层，单击"绘图"面板中的"构造线"按钮，根据投影关系绘制辅助线，并切换"中心线"图层为当前图层，绘制一条水平中心线，如下左图所示。

步骤02 调用"偏移"命令，将中心线分别向上偏移2、3、5、7.75、8.75，向下偏2、3、5、7.75、8.75、35、43，如下右图所示。

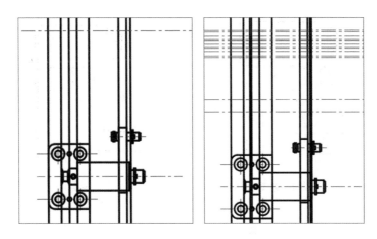

步骤 03 切换"粗实线"图层为当前图层,调用"直线"命令,配合辅助线,绘制开关杠杆轮廓线,并删除多余辅助线,如下左图所示。

步骤 04 调用"偏移"命令,向左偏移5;调用"复制"命令,复制斜线;调用"修剪"命令,修剪多余线条,如下右图所示。

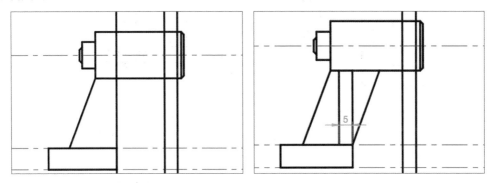

步骤 05 调用"圆角"命令,在相应位置分别倒R2、R4的圆角,并延长俯视图孔的中心线,如下左图所示。

步骤 06 切换"中心线"图层为当前图层,调用"直线"命令,以矩形中点为基准,绘制一条竖直中心线,做辅助线,调用"偏移"命令,将中心线分别向左、向右都偏移1、1.5,如下右图所示。

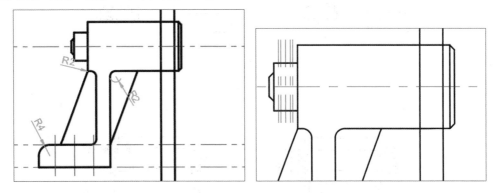

步骤 07 切换"粗实线"图层为当前图层,调用"直线"和"圆"命令,配合辅助线绘制圆柱销,并删除多余辅助线,如下左图所示。

步骤 08 调用"偏移"命令,将中心线向上偏移4、5、10,向下偏移、4、5、40,左侧轮廓线向右偏移1,杠杆左右两侧轮廓线向左偏移1,如下右图所示。

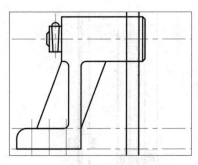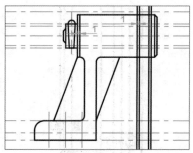

步骤 09 调用"直线"命令，配合辅助线绘制杠杆轮轴及杠杆，调用"修剪"命令，修剪多余线条，并删除多余辅助线，如下左图所示。

步骤 10 调用"复制"命令，以中心线为基准，复制俯视图中的"轴"到主视图中，并删除多余部分，如下右图所示。

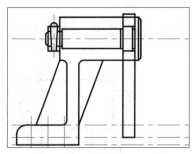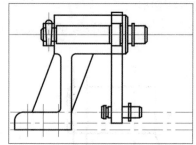

步骤 11 调用"偏移"命令，将中心线向上、向下分别偏移4.5，右侧轮廓线向右偏移1.6，如下左图所示。

步骤 12 调用"直线"命令，配合辅助线绘制开口销；调用"修剪"命令，修剪多余线条并整理图形，如下右图所示。

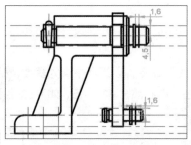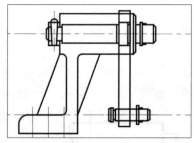

步骤 13 调用"样条曲线"命令，绘制剖面轮廓线，如下左图所示。

步骤 14 调用"图案填充"命令，选择JIS_WORD填充图案，比例分别设置为5、3、1，角度分别设置为0、90、90，填充剖面部分，如下右图所示。

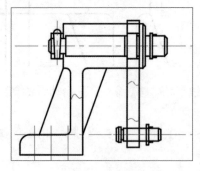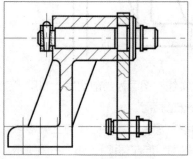

步骤 15 至此，开关杠杆的主视图与俯视图绘制完毕，如右图所示。

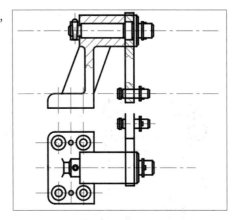

3. 标注并添加明细栏和标题栏

步骤 01 切换"标注"图层为当前图层，调用"线性标注"命令，标注图中主要尺寸和装配尺寸，如下左图所示。

步骤 02 切换"细实线"图层为当前图层，调用"圆"和"直线"命令，配合"图案填充"命令绘制公共指引线，如下右图所示。

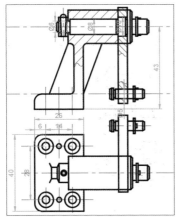 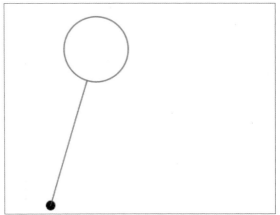

步骤 03 调用"复制"命令，将公共指引线复制到相应的位置；调用"旋转"命令，配合"移动"命令调整公共指引线的方向和大小，如下左图所示。

步骤 04 执行"格式>文字样式"命令，在弹出的"文字样式"对话框中，单击"新建"按钮，新建文字样式为"标注"，在"文字样式"对话框的"大小"选项组中勾选"诠释性"复选框，在"图纸文字高度"数值框中输入5，并单击"置为当前"按钮，完成文字样式设置，如下右图所示。

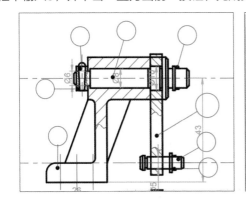 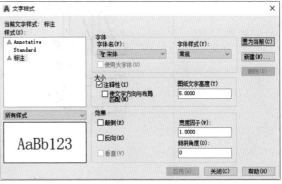

步骤 05 调用"多行文字"命令，依次输入各部分零件的编号，如下左图所示。

步骤 06 调用"插入"命令，插入"图框.dwg"块，如下右图所示。

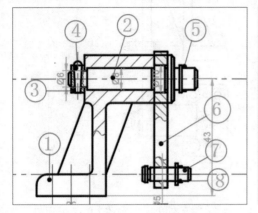 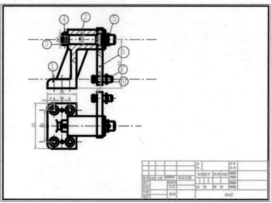

步骤 07 单击"默认"选项卡下"注释"面板中的"表格"按钮，在弹出的"插入表格"对话框中设置"列数"为5、"列宽"为15、"数据行数"为7、"行高"为1，并单击"第一行单元样式"下拉按钮，在下拉列表中选择"数据"选项，如下左图所示。

步骤 08 单击"确定"按钮，完成表格样式设置，然后插入到"开关杠杆"图框中，并编辑单元格大小，如下右图所示。

 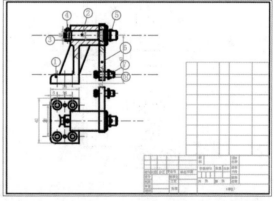

步骤 09 调用"多行文字"命令，添加表格内容、编号以及名称、比例。至此，开关杠杆装配图绘制完毕，如下图所示。

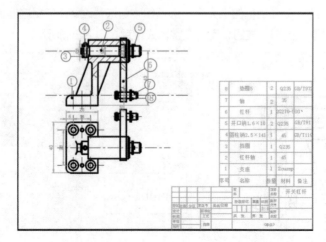